# DER MINERALBESTAND DES KÖRPERS

VON

## WOLFGANG HEUBNER
PROFESSOR IN HEIDELBERG

BERLIN
VERLAG VON JULIUS SPRINGER
1931

ISBN-13: 978-3-642-89844-0          e-ISBN-13: 978-3-642-91701-1
DOI: 10.1007/978-3-642-91701-1



SONDERAUSGABE DES GLEICHNAMIGEN BEITRAGES
IM HANDBUCH DER NORMALEN UND PATHOLOGISCHEN PHYSIOLOGIE BD. XVI/2.

# Vorwort.

Bei der Bearbeitung meines Anteils an dem Kapitel „Mineralstoffwechsel"
für das Handbuch der normalen und pathologischen Physiologie drängte sich
mir der Gedanke auf, daß die darin gegebene Zusammenstellung über den Kreis
der Bezieher des Handbuchs hinaus und vor allem auch jenseits von Bibliotheks-
räumen willkommen sein könnte. Als ich vor Jahren eine ähnliche Zusammenstellung für das Handbuch der Balneologie geliefert hatte, erhielt ich viele An-
fragen nach Sonderdrucken, ohne sie damals befriedigen zu können. Inzwischen
haben, vor allem auch in Kliniken, Analysen des Blutes u. dgl. auf Mineralstoffe sehr zugenommen, und das bereits angehäufte Material ist schwer zu
übersehen. In der vorliegenden Arbeit ist versucht worden, den heutigen Stand
unserer Kenntnisse übersichtlich zu ordnen und in möglichster Knappheit zu
fixieren. Es handelt sich dabei ausschließlich um die *Zustände* im Körper, soweit sie Mineralstoffe betreffen, nicht oder doch nur gelegentlich und anhangsweise um Andeutung der *Vorgänge* beim Umsatz der Mineralstoffe. Auf positive
Angaben wurde mehr Wert gelegt als auf die Versuche zur Deutung der Befunde. Vollständigkeit war unmöglich, doch hoffe ich, nichts prinzipiell Wichtiges übergangen zu haben. Alle Zahlenwerte sind — vielfach erst durch Umrechnung aus den Originaldaten der Literatur — auf die *gleichen* Indices bezogen, für denselben Säure- oder Basenbildner also überall unmittelbar ver-
gleichbar; es würde mir nützlich erscheinen, wenn eine solche Einheitlichkeit
sich allgemein einbürgerte; vielleicht kann der Gebrauch des Schriftchens dazu
beitragen.

Mit der Angabe der Literaturstellen habe ich mir viel Mühe gegeben, freilich
unterstützt durch zwei unermüdliche Helfer, denen ich viel Dank schulde:
Dr. GERHARD ORZECHOWSKI und Fräulein JUSTINE UNGEWITTER. Wenn auch
die unschätzbare Vorarbeit, wie sie besonders in RONAS Berichten über die
gesamte Physiologie und Pharmakologie niedergelegt ist, voll ausgenutzt wurde,
so unterließen wir es nicht, nahezu alle Zitate in der uns zugänglichen Literatur
bei der Korrektur nochmals nachzuschlagen. Ich glaube daher, daß verhältnis-
mäßig wenig fehlerhafte Zitate stehengeblieben sind.

Meinem Heidelberger Kollegen Prof. GYÖRGY habe ich für Durchsicht der
Korrektur und manche wertvolle Hinweise herzlichst zu danken.

Im übrigen kann sich der Mängel der Niederschrift, ganz abgesehen von
der durch die Natur des Themas bedingten Armut an gedanklichen Zusammenhängen, niemand stärker bewußt sein als ich selbst. Auch bin ich mir klar darüber, daß gar manche der hier niedergelegten Angaben in Kürze überholt sein
werden. Dennoch bin ich dem Verlage, besonders meinem alten Freund Dr. h. c.
FERDINAND SPRINGER, für die Veranstaltung dieser Sonderausgabe sehr dankbar
und wäre froh, wenn sie sich nicht als allzu überflüssig erweisen würde.

Heidelberg, Weihnachten 1930.

WOLFGANG HEUBNER.

# Inhaltsverzeichnis.

# Einleitung.

Die *Asche*, die ein verbrannter Wirbeltierleichnam hinterläßt, entstammt im wesentlichen dem *Knochen*. Sie beträgt für den erwachsenen Menschen in gröbster Schätzung rund 3 kg, wovon ungefähr ein Viertel als Rest der weichen Gewebe gerechnet werden kann. Diese Menge könnte gegenüber der Masse der brennbaren organischen Substanz gering scheinen, die etwa 30 mal größer ist. Doch ändert sich dies Verhältnis außerordentlich, sobald man in Rücksicht zieht, daß die Hauptmasse der organischen Leibessubstanz aus Eiweiß besteht, und die *molekularen* Konzentrationen betrachtet; dann ist — wie bereits ROBERTSON[1] hervorgehoben hat — die Menge der mineralischen Bestandteile durchaus nicht geringer als die der organischen. So besitzt z. B. das Hämoglobin in den roten Blutzellen *höchstens* eine 0,02 molare Konzentration, das Chlorid im Blutplasma aber eine 0,1 molare.

Der Unterschied des Zustandes der mineralischen Bestandteile in den weichen Geweben und im Knochen ist ja offensichtlich: hier sind die Salze als feste Krystalle, dort in Lösung vorhanden. Man hat aber Anlaß, auch bei den Mineralstoffen der Gewebe noch zwei verschiedene Formen zu beachten: einmal die *echte Lösung*, also die vollkommene Aufteilung in Moleküle, d. h. natürlich auch in Ionen, und zweitens die Bindung an höher molekulare, schwer diffusible Stoffe — im wesentlichen Eiweißkörper; bereits im Blutplasma sind solche Verbindungen (des Calciums) nachweisbar, und in dem Protoplasma der Zellen, dessen Eiweißkonzentration ja wesentlich höher ist, spielen sie vermutlich noch eine größere Rolle[2]. Für die *Art* dieser Verbindungen von Eiweißstoffen mit Mineralsalzen bietet die Chemie zwei Vorstellungsmöglichkeiten, und mir scheint es recht wahrscheinlich, daß beide realisiert sind: Bildung von komplexen Salzen und intramicellaren Einschluß.

Von den einfacheren Aminosäuren und Peptiden ist es festgestellt, daß sie mit anorganischen Salzen ganze Reihen von wohlcharakterisierten Komplexsalzen bilden; innerhalb jeder Reihe kann das Verhältnis des organischen Partners zum anorganischen variieren, wobei jedoch stets stöchiometrische Verhältnisse gewahrt bleiben — prinzipiell in genau derselben Weise, wie es vor allem A. WERNER für ganze Reihen von Komplexsalzen aus zwei anorganischen Partnern ermittelt hat[3]. Daß die Aminosäuren und ihre Kondensationsprodukte, die

---

[1] ROBERTSON: Erg. Physiol. **10**, 266 (1910).

[2] Vgl. dazu auch BOTTAZZI: Wintersteins Handbuch der vergleichenden Physiologie. Jena: Gustav Fischer. **1**, 1. Hälfte, 1—596 (1925). — QUAGLIARIELLO, G.: Ebenda 597 bis 668. — SCHULZ, FR. N.: Ebenda 669—826.

[3] Vgl. A. WERNER: Neuere Anschauungen auf dem Gebiete der anorganischen Chemie. Braunschweig: Fr. Vieweg & Sohn 1909. — WEINLAND, R.: Komplexverbindungen. Stuttgart: F. Enke 1919.

Peptide, die Fähigkeit zum Eintritt in solche Komplexe besitzen, wird vielleicht allgemeiner verständlich durch Beachtung des Umstandes, daß sie ja den Charakter innerer *Salze* tragen, insofern sich saure und basische Gruppen *salzartig*, also unter Bildung von fünfwertigem Ammoniumstickstoff, absättigen.

Nach Paul Pfeiffer und seinen Mitarbeitern[1] kommen folgende Verbindungstypen von anorganischen Salzen und Aminosäuren vor, wobei Me als Metall, X als einwertiger Säurerest, A als Amminosäure zu lesen ist:

$$MeX, 1\,A \qquad MeX_2, 1\,A$$
$$MeX, 2\,A \qquad MeX_2, 2\,A$$
$$MeX, 3\,A \qquad MeX_2, 3\,A \qquad MeX_3, 3\,A$$
$$MeX, 4\,A \qquad MeX_2, 4\,A$$

Nicht unwichtig ist die Beobachtung, daß unter sonst gleichen Bedingungen das Dipeptid Glycylglycin stärker als Glykokoll, das Tripeptid Diglycylglycin stärker als das Dipeptid zur Komplexbildung mit Kochsalz neigt. Dies berechtigt, ja gebietet die Übertragung der an den einfachsten Verbindungen gewonnenen Erfahrungen auf die hochmolekularen Eiweißkörper. Pfeiffer ist denn auch der Ansicht, daß bei der Bildung sogenannter „Adsorptionsverbindungen" zwischen Neutralsalz und Eiweiß die *oberflächlich* gelegenen, dem umgebenden Flüssigkeitsmedium zugekehrten Moleküle der kolloidalen Einzelpartikelchen (Micellen) solche komplexen Verbindungen mit den Salzmolekülen bilden.

Auch Wolfgang Pauli gelangte mit seinen Schülern[2] durch unmittelbare Untersuchungen an gereinigtem Eiweiß zu der Überzeugung, daß es mit anorganischen Elektrolyten Komplexverbindungen bildet. Das methodische Hilfsmittel für diese Erkenntnis bildete im wesentlichen die elektrometrische Bestimmung von Chloridionen und gleichzeitige Leitfähigkeitsmessung in wechselnden Elektrolyt-Eiweißgemischen. Ein wichtiges Ergebnis dieser Untersuchungen ist überdies der Nachweis von Änderungen der physikalisch-chemischen Eigenschaften der Eiweißstoffe durch die Kombination mit Elektrolyten, die wahrscheinlich mit der Bildung von Komplexionen zusammenhängen. Von solchen kommen vor allem in Frage:

$$[Me \cdot O \cdot CO \cdot R \cdot NH_3]^+ \qquad und \qquad [Cl \cdot NH_3 \cdot R \cdot COO]^-,$$

wobei Me ein mineralisches Basenäquivalent, Cl ein Säureäquivalent bedeutet.

Jedoch wird man an Erfahrungen der Kolloidchemiker nicht vorbeigehen dürfen, die eine zweite und wenigstens zunächst prinzipiell andersartig gedachte Form der Eiweiß-Salzverbindungen nahelegen, wenn diese auch nicht als allgemein anerkannt gelten darf und ihr Unterschied von der wahren Komplexbindung vielleicht doch eines Tages durch die theoretische Chemie aufgehoben wird. Nach Ansicht von Zsigmondy und seinen Schülern[3] finden sich in den Micellen anorganischer, besser definierbarer Kolloide Elektrolyte *eingeschlossen* und irgendwie mechanisch festgehalten. Die Fixation dieser Elektrolyte ist dabei sehr groß, obwohl stöchiometrische Beziehungen nicht erkennbar sind.

---

[1] Pfeiffer u. v. Modelski: Hoppe-Seylers Z. **81**, 331 (1912); **85**, 1 (1913). — Pfeiffer u. Wittka: Ber. dtsch. chem. Ges. **48**, 1289 (1915). — Pfeiffer: Ebenda 1938. — Pfeiffer u. Würgler: Hoppe-Seylers Z. **97**, 128 (1916). — Pfeiffer, Klossmann u. Angern: Ebenda **133**, 22 (1924). — Pfeiffer u. Angern: Ebenda **133**, 180; **135**, 16 (1924). — Vgl. auch H. v. Euler u. Karin Rudberg: Ebenda **140**, 113, 118ff. (1924). — Bjerrum: Z. physik. Chemie **104**, 147 (1923).

[2] Besonders Oryng u. Pauli: Biochem. Z. **70**, 368 (1915). — Pauli u. Schön: Ebenda **153**, 253 (1924).

[3] Vgl. Wintgen: Beiträge zur Kenntnis der Zusammensetzung der Micellen. Z. physik. Chem. **103**, 238; **107**, 403; **109**, 378 (1922/24); besonders 103, 239ff. und **109**, 388.

Analog kann man sich „eingeschlossene" Salze in den Micellen des Protoplasmas usw. vorstellen, die als Hauptbestandteil Eiweiß, Lipoid oder ein Gemisch von beiden enthalten mögen. Außer den intramicellaren Elektrolyten sind jedoch auch noch die *ladenden* Ionen auf der Oberfläche und die entgegengesetzt geladenen *kompensierenden* Ionen in nächster Nachbarschaft der einzelnen Kolloidteilchen an diese „gebunden". Sie können qualitativ verschieden von den Ionen der intramicellaren Elektrolyte sein.

Bei denjenigen Mineralstoffen, die nicht *Neutralsalze* bilden, kann man über ihren Zustand in den Geweben nur Vermutungen hegen. Dies gilt für das Eisen, soweit es nicht in organische Moleküle eingebaut ist, für die Kieselsäure und ebenso für manche anderen Stoffe, deren Gegenwart im Organismus feststeht, während die Frage ihrer *Lebensnotwendigkeit* offen ist. Es ist ja möglich, daß mancherlei Mineralstoffe in kleinen Mengen gewissermaßen als *Ballast* mit der Nahrung aufgenommen werden und durch den Körper hindurchgehen, ohne dessen Funktionen zu beeinflussen. Manche *willkürlichen* Zusätze verhalten sich ja nachweislich so. Als regelmäßige Befunde in den Organen sind vor allem Aluminium, Zink, Kupfer zu nennen, in noch kleinerer Menge sind gewöhnlich Mangan und Arsen vorhanden. (Vgl. dazu unten S. 60 ff., 85 ff.)

Die Betrachtung der Zusammensetzung der Gewebe in bezug auf Mineralstoffe bietet ein hohes Interesse deshalb, weil sie recht beträchtliche Unterschiede der verschiedenen Gewebsarten offenbart. Allerdings sind unsere Kenntnisse auf diesem Gebiete noch in der ersten Entwicklung begriffen: die Methoden zur Bestimmung der im wirklich mineralischen Zustand befindlichen Anteile des Stoffes in dem organisch-kolloiden Gefüge der Zellen und Grundsubstanzen sind nicht leicht zu handhaben, auch keineswegs schon überall so durchgebildet, um ganz klare Ergebnisse zu liefern; daher fehlt durchaus noch eine systematische Untersuchung der Gewebe in dieser Richtung. Dennoch liegen z. B. für den Muskel schon eine ganze Reihe interessanter Feststellungen vor. Ferner bietet ja auch schon die Zusammensetzung der Gewebe*aschen* in mancher Hinsicht ausreichendes Interesse, so z. B. in bezug auf ihren Gehalt an *Kationen*bildnern, da diese von besonderer Bedeutung für mancherlei Funktionen sind und wohl stets in irgendeiner Weise mineralisch, d. h. *salzbildend* auftreten.

Freilich muß ein kaum vermeidbarer Fehler bei allen Organanalysen in Kauf genommen werden: die Gewebe bilden ja einen Schwamm aus ihrem eigentlichen Baumaterial, Zellen, Grundsubstanz, Fasern u. dgl., der durch und durch mit Gewebsflüssigkeit und natürlich auch mit Blut durchtränkt ist. Alle analytischen Bemühungen arbeiten also an einem *Gemisch* und man erhält nur mit sehr grober Annäherung eine Vorstellung über die Beschaffenheit der eigentlichen Gewebselemente. Überdies sind ja auch diese immer *vielfacher* Art (Parenchym und Bindegewebe, Zellen und Grundsubstanz usw.), so daß es nur ausnahmsweise gelingt, die mineralische Zusammensetzung auch nur der *Asche* einer bestimmten Zellart ganz schlackenlos zu erfahren.

Um so erstaunlicher ist es, daß die einzige Zellart höherer Organismen, die einigermaßen rein zu untersuchen ist, nämlich die Blutkörperchen, recht beträchtliche Unterschiede der mineralischen Zusammensetzung von Tierart zu Tierart — allein in der Reihe der Säugetiere — erkennen läßt.

Auch bei niederen Einzelzellen, z. B. Bakterien, kennt man beträchtliche Unterschiede ihres Gehaltes an den einzelnen Mineralstoffen. Solche Befunde stützen die Auffassung, die auch aus den Aschenanalysen komplizierter Gewebe summarisch abgeleitet werden muß, daß die einzelnen Gewebselemente einen ihnen eigentümlichen Bestand an Mineralstoffen haben.

Dennoch läßt sich neben diesen *Differenzen* auch *Allgemeingültiges* aussagen, wenigstens für die mineralische Zusammensetzung der *zelligen* Elemente gegenüber den *Flüssigkeiten* des höheren Tieres. Beide unterscheiden sich, wie es scheint, *durchgehend* dadurch, daß die einen, nämlich die Zellen, ausschließlich oder wenigstens vorwiegend *Kalium*, *Magnesium* und *Phosphat*, die andern in überwiegender Menge *Natrium* und *Chlorid* enthalten.

Wiechowski[1] rechnet auch das *Calcium* zu den charakteristischen Bestandteilen der Körper*flüssigkeiten*, doch dürfte dies nur insofern Berechtigung haben, als Calcium *gegenüber dem Magnesium* im Blutplasma überwiegt, in den Organen oft zurücktritt; die absolute Menge des Calciums ist jedoch nicht selten in den Geweben wesentlich höher als in der Blutflüssigkeit.

Recht bemerkenswert ist es, daß Studien über die für das *Bakterien*wachstum erforderlichen Stoffe die *Unentbehrlichkeit von Kalium und Magnesium*, die *Entbehrlichkeit von Natrium und Calcium* ergeben haben[2]. Allgemein biologisch kommt also gewiß dem Kalium und Magnesium für das Leben der *Zellen* eine fundamentale Bedeutung zu, die dem Natrium und auch dem Calcium abgeht.

An der höheren Meerespflanze *Valonia* vermochte Osterhout[3] den Zellsaft aus Vakuolen rein zu gewinnen und (im Vergleich zu dem die Pflanze umgebenden Seewasser) zu analysieren; die gefundenen Zahlen waren für Zellsaft und Außenflüssigkeit in Prozent:

| | Cl | SO$_4$ | Na | K | Ca | Mg |
|---|---|---|---|---|---|---|
| Zellsaft . . . . | 2,12 | 0,0005 | 0,21 | 2,01 | 0,06 | Spuren |
| Seewasser . . . | 1,96 | 0,33 | 1,09 | 0,05 | 0,05 | 0,13 |

Hier tritt vor allem die elektive Bedeutung des *Kaliums* hervor, während Magnesium in diesem flüssigen Anteil der Zelle kaum nachweisbar ist.

Manche histochemischen Befunde sprechen dafür, daß auch innerhalb einer Zelle die Mineralstoffe örtlich verschieden verteilt sind, vor allem zwischen Kern und Plasma, oder zwischen anisotroper und isotroper Schicht des quergestreiften Muskels. Jedoch sind diese Befunde (vgl. besonders A. B. Macallum[4], J. B. Collip[5], u. a.) recht schwierig zu deuten, da bei der Ausfällung von Krystallen in kolloiden Systemen (durch das zugesetzte histochemische Reagens) sich allzuleicht Wanderungserscheinungen ergeben, so daß das gesuchte Ion an *anderer* Stelle sichtbar wird als es ursprünglich vorhanden war[6].

Wie der Anteil der Mineralstoffe an der Zusammensetzung des *gesamten menschlichen Körpers* zu bemessen ist, kann nur annäherungsweise für einige der wichtigeren angegeben werden. Für einen Mann normaler Statur von etwa 70 kg kann die Menge des Calciums auf rund 1 kg, die des Chlorids (Cl) auf 0,1 kg[7] geschätzt werden. Das Phosphat entspricht im ganzen der Größenordnung des Calciums, das Natrium der des Chlorids.

## A. Mineralbestand der Blut- und anderer Körperflüssigkeiten.

Das Blut (der Wirbeltiere) als einziges wirklich rein abtrennbares Gewebe bietet bei weitem die günstigsten Bedingungen für analytische Ermittlungen des Mineralbestandes. Vor allem ist es die Blutflüssigkeit, die nach Scheidung von den Körperchen ein einheitliches Material bietet, dessen Zusammensetzung überdies von besonderem Interesse ist: ist doch das Blutplasma die Mutter der nährenden Intercellularflüssigkeiten, in denen die Gewebselemente schwimmen.

---

[1] Wiechowski: Wien. med. Wschr. **1921**, Nr 34 — Verh. dtsch. Ges. inn. Med. **36**, 13. Kissingen 1924.

[2] Vgl. z. B. W. Benecke: Bau und Leben der Bakterien, S. 346. Leipzig 1912.

[3] Osterhout: J. gen. Physiol. **5**, 225 (1922).

[4] Vgl. A. B. Macallum: Erg. Physiol. **7**, 552 (1908).

[5] Collip, J. B.: J. of biol. Chem. **42**, 227 (1920).

[6] Vgl. dazu R. E. Liesegang: z. B. Z. Mikrosk. **46**, 126 1929).

[7] Vgl. dazu E. Oppenheimer: Verh. dtsch. pharmak. Ges. **1**, XXXI (1921).

Eine qualitativ und quantitativ exakte Kenntnis seiner Mineralbestandteile bildet also die erste Aufgabe bei der Ermittlung des Mineralbestandes überhaupt.

Doch darf man sich keiner Täuschung darüber hingeben, daß schon diese Aufgabe leichter erscheint als sie tatsächlich ist. Denn die Abtrennung der Blutzellen von der Blutflüssigkeit kann bereits mit Änderungen der mineralischen Zusammensetzung einhergehen, die man mindestens kennen, durch bestimmte Vorsichtsmaßregeln vermeiden oder in Rechnung setzen muß, wenn man Wert auf genaue Zahlen legt.

Da man Blutplasma nur mit ziemlich unbequemen Verfahren erhalten und es auch dann gewöhnlich nur kurze Zeit als solches konservieren kann, so hat sich sehr allgemein eingebürgert, das *Serum* der unveränderten Blutflüssigkeit gleichzusetzen. Dies trifft jedoch nicht in strengem Sinne zu. So hat z. B. LEENDERTZ[1] gezeigt, daß beim gewöhnlichen Gerinnungsvorgang mit Auspressen des Serums aus dem Blutkuchen ein Serum gewonnen wird, das im gleichen Volumen weniger Eiweiß und Reststickstoff — allerdings ebensoviel Chlorid — enthält, als ein Serum des gleichen Blutes, das nach Abtrennung der Blutkörperchen durch Gerinnung des Plasmas allein gewonnen wird. HAMBURGER und seine Schüler[2] kamen zu dem Ergebnis, daß der Verlust an Kohlensäure bei dem gewöhnlichen Auffangen des Blutes zu einer Abwanderung von Chlorid aus den Blutkörperchen in die Blutflüssigkeit führe. Ja, es kann heute als anerkannt gelten, daß ein solches Wandern von Chlorid hin und her bei jedem Blutumlauf erfolgt, entsprechend den Unterschieden des Kohlensäuregehaltes im arteriellen und venösen Blute. Arterielles Blutplasma ist also ceteris paribus stets etwas reicher an Chlorid als venöses[3]. Beim Hunde beträgt dieser Chloridüberschuß des Arterienplasmas nach DOISY und BECKMANN[3] 1,3% des Gesamtchlorids. Ähnliche Verschiebungen muß man erwarten bei längerem Stehen des Blutes infolge Milchsäurebildung durch die Tätigkeit der weißen Blutzellen[4]. Immerhin sind diese Änderungen der Zusammensetzung der Blutflüssigkeit quantitativ ziemlich geringfügig, und man kann sich für viele Zwecke damit abfinden, sie zu vernachlässigen. In der Tat sind bei weitem die meisten der zahlreichen Analysen an Blutserum ausgeführt, das ohne besondere Vorsichtsmaßregeln gewonnen wurde.

Die angewandten analytischen Methoden sind vielfach verbessert, vor allem vereinfacht worden, so daß heute eine kaum übersehbare Reihe von Mineralanalysen des Blutes, besonders des Menschen, vorliegt. Man ist daher über die Zusammensetzung der normalen Blutflüssigkeit der Säugetiere hinreichend zuverlässig orientiert.

Bei niederen Tieren sind naturgemäß viel schwerer ausreichende Quanten Blut- oder Gewebsflüssigkeit zur Analyse zu bringen. Die bisher vorliegenden Befunde stammen vorwiegend von Meerestieren; sie zeigen z. B. für die Leibeshöhlenflüssigkeit von Würmern oder Echinodermen, für das Blut von Tunicaten, Aplysien oder Crustaceen eine beträchtliche Abhängigkeit der mineralischen Zusammensetzung von der des Meerwassers, in dem

---

[1] LEENDERTZ: Dtsch. Arch. klin. Med. **140**, 279 (1922.)

[2] HAMBURGER: Z. Biol. **28**, 405 (1891). — SNAPPER: Biochem. Z. **51**, 62 (1913). — FRIDERICIA: J. of biol. Chem. **42**, 245 (1920). — VAN CREVELD: Biochem. Z. **123**, 304 (1921). — Ferner VAN SLYKE u. CULLEN: J. of biol. Chem. **30**, 347 (1917). — DAUTREBANDE u. DAVIES: J. of Physiol. **57**, 36 (1923).

[3] HAMBURGER: Arch. f. Physiol. **1893**, 157. — VAN CREVELD: Zitiert diese Seite, Fußnote 2. — DOISY u. BECKMANN: J. of biol. Chem. **54**, 683 (1922). — DOISY, EATON u. CHOUKE: Ebenda **53**, 61 (1922). — KARGER: Klin. Wschr. **1927**, 1994. — Vgl. auch die zusammenfassende Abhandlung von D. WRIGHT WILSON: Physiologic. Rev. **3**, 312 (1923).

[4] Vgl. z. B. AUSTIN, CULLEN, HASTINGS, MC CHEAN, PETERS u. VAN SLYKE: J. of biol. Chem. **54**, 121 (1922).

sie leben — wie leicht verständlich ist[1]. Daher bewirkt auch eine künstliche Änderung der Salze des Wassers eine Änderung der mineralischen Zusammensetzung der Blutflüssigkeit, wie BETHE[2] gezeigt hat. Die von GRIFFITHS (1892) angegebenen Zahlen für den Salzgehalt des Blutes von Insekten sind viel höher als der mehrfach bestimmten Gefrierpunktserniedrigung entspricht, verdienen daher wenig Vertrauen. Immerhin deuten seine Analysen darauf hin, daß das *Verhältnis* von Cl, Na, K, Ca und Mg im Insektenblut schon *nahezu* das gleiche ist, wie im Säugerblut[3].

## Anionen.

### Chlorid.

Das Chlorid (oder die Menge der Chlorionen) ist unter den Mineralbestandteilen der Blutflüssigkeit besonders leicht zu bestimmen; es überwiegt bekanntlich unter den Anionen. Seine Konzentration ist bei Säugetieren ungefähr 0,1 molar, was mnemotechnisch einen bequemen Anhalt gibt. Ein ganz präzis definierter Wert läßt sich allerdings nicht angeben, zunächst aus methodischen Gründen: abgesehen von den bereits erwähnten Fehlermöglichkeiten bei der Plasmagewinnung sind die verschiedenen Bestimmungsmethoden, besonders die in Reihenuntersuchungen viel gebrauchten mikroanalytischen, in der Hand verschiedener Untersucher nicht ganz gleichwertig. Zweitens aber wechselt der Chloridgehalt des Plasmas bereits bei dem gleichen Individuum nicht nur von Arterie zu Vene, sondern auch von Tag und zu Tag mit der Ernährung, dem Wasserwechsel usw.[4], um so mehr von Individuum zu Individuum.

Für die Normalwerte des menschlichen Serums findet man wohl am häufigsten den Bereich von 0,36 bis 0,38% Cl angegeben, so in der neueren Literatur bei RAPPLEYE[5], NORGAARD und GRAM[6], ATCHLEY, LOEB, BENEDIKT und PALMER[7], GRAM[8], SMIRK[9]. VEIL[10] rechnet als Normalbereich 0,35 bis 0,39, WU[11] 0,34 bis 0,405, JANSEN[12] 0,335 bis 0,37 (im Mittel 0,360), MYERS[13] (für Oxalatplasma) 0,345 bis 0,375, JACOBSON und PALSBERG[14] (desgleichen) 0,36 bis 0,405, BRIGGS[15] als Mittel (ebenfalls für Plasma) 0,355%, LAUDAT[16] 0,37; in einer zusammenfassenden Übersicht bemißt D. W. WILSON[17] den Chloridgehalt im *arteriellen Plasma* auf 0,37 bis 0,39, im *venösen* auf 0,36 bis 0,37%. Das wahre Mittel für die Chloridkonzentration im Blutplasma des Kulturmenschen entspricht wohl einer Normalität von 0,104.

Es ist nicht ganz gewiß, ob diese Konzentration ein biologisches Optimum oder eine Anpassungserscheinung an künstlich geschaffene Verhältnisse darstellt. VEIL[10] ist der Ansicht, daß die übliche kochsalzreiche Kost des Kulturmenschen den Chloridwert des Blutes dauernd nahe der oberen Grenze der

[1] Vgl. Literatur dazu bei BOTTAZZI: Wintersteins Handbuch der vergleichenden Physiologie. Jena: Gustav Fischer. **1**, 1. Hälfte, 44, 509, 577. — QUAGLIARIELLO: Ebenda 633, 653. — SCHULZ, FR. N.: Ebenda 689, 823.

[2] BETHE: Pflügers Arch. **221**, 344 (1928).

[3] SCHULZ, FR. N.: a. a. O. 767.

[4] JACOBSON u. PALSBERG: C. r. Soc. Biol. Paris **84**, 640 (1921). — VEIL: Biochem. Z. **91**, 267 (1918).

[5] RAPPLEYE: Boston med. J. **182**, 89 (1920).

[6] NORGAARD u. GRAM: J. of biol. Chem. **49**, 263 (1921).

[7] ATCHLEY, LOEB, BENEDIKT u. PALMER: Arch. int. Med. **31**, 606 (1923).

[8] GRAM: J. of biol. Chem. **56**, 593 (1923).   [9] SMIRK: Biochemic. J. **22**, 201 (1928).

[10] VEIL: Biochem. Z. **91**, 267 (1918).   [11] WU: J. of biol. Chem. **51**, 21 (1922).

[12] JANSEN: Dtsch. Arch. klin. Med. **154**, 195 (1927).

[13] MYERS: J. Labor. a. clin. Med. **5**, 343 (1920).

[14] JACOBSON u. PALSBERG: C. r. Soc. Biol. Paris **84**, 640 (1921).

[15] BRIGGS: J. of biol. Chem. **57**, 351 (1923).

[16] LAUDAT: C. r. Soc. Biol. Paris **100**, 701 (1929).

[17] WILSON, D. W.: Physiologic. Rev. **3**, 312 (1923).

physiologisch erträglichen Schwankungsbreite hält („Kochsalzplethora"). Ein Argument dafür bietet die Tatsache, daß die Nahrung tatsächlich Einfluß auf den genannten Wert hat. Auffallend ist schon, daß bei Neugeborenen und Säuglingen mehrfach recht niedrige Chloridwerte ermittelt wurden, so von Sauvage und Clogue[1] und von Scheer[2]: 0,31 bis 0,35% Cl; demgegenüber fand allerdings Schober[3] gleiche Zahlen wie beim Erwachsenen (0,35 bis 0,38), auch Hellmuth[4] bei Mutter und Kind am Ende der Geburt nahezu dieselben Werte. Ferner stellte Veil[5] eine unmittelbare Abhängigkeit der Chloridkonzentration von der zugefügten Chloridmenge fest[6] und Denis und Lisson[7] bestätigten das an Ziegen; dabei konnten sie durch starke Kochsalzbelastung den Plasmawert bis auf 0,43% Cl in die Höhe treiben, während er sonst bei 0,35 bis 0,36 lag[8].

Auch andere Haus- und Laboratoriumstiere zeigen denselben Chloridwert in der Blutflüssigkeit wie der Mensch. Bei verschiedenen Tiersorten fand Huber[9] 0,34 bis 0,44, Abderhalden[10] 0,30 bis 0,42, beide im Mittel 0,38% Cl; für Hunde gaben Austin und Jonas[11] 0,36 bis 0,38, Tisdall[12] 0,38 bis 0,39, Denis[13] 0,34 bis 0,35 an, für Kaninchen Denis 0,35 bis 0,36, Underhill und Wekemann[14] 0,31 bis 0,35 (nach dreitägigem Hunger!).

Im Hunger fand Kiko Goto[15] zehn Tage lang ein allmähliches Ansteigen des Serumchlorids, Morgulis und Bollman[16] bei 20—25% Gewichtsverlust an Hunden im Durchschnitt keine Änderung, bei 35% Gewichtsverlust geringe Abnahme (von 0,42 auf 0,40% — hohe Werte!). Muskelarbeit ändert das Blutbild nicht oder wenig[17,18]; doch verschwindet entsprechend der allgemeinen Konzentrationszunahme des Serums mit dessen Wasser auch Chlorid in die Muskulatur (wie auch in die Blutzellen)[18]. In der Menstruation etwa auftretende Schwankungen haben keinen gesetzmäßigen Charakter[19].

In den ersten Stunden der *Verdauung* sinkt der Wert deutlich ab[20], was auch für den Säugling gilt[21]. Alle Maßnahmen, die auf die Alkalireserve Einfluß haben, wirken leicht im umgekehrten Sinne auf das Chlorid des Blutes, wobei auch dessen Wanderung von den Blutzellen in die Blutflüssigkeit und umgekehrt seine Rolle spielt. So ist im *gestauten* Blute das Chlorid des Plasmas vermindert,

---


[1] Sauvage u. Clogue: C. r. Soc. Biol. Paris 72, 757 (1913).

[2] Scheer: Jb. Kinderheilk. 91, 304 (1920); 94, 295 (1921).

[3] Schober: Mschr. Kinderheilk. 26, 297 (1923).

[4] Hellmuth: Klin. Wschr. 1929, 1302 — vgl. auch Zbl. Gynäk. 1925, 1382 u. 1614 (von Oettingen).

[5] Veil: Zitiert auf S. 10.

[6] Vgl. auch Essen, Kauders u. Porges: Wien. Arch. klin. Med. 5, 499 (1923).

[7] Denis u. Sisson: J. of biol. Chem. 46, 483 (1921).

[8] Vgl. zu dieser Frage auch Thannhauser: Z. klin. Med. 89, 181 (1920). — Nonnenbruch: Z. exper. Med. 29, 547 (1922).

[9] Huber: Beitrag zur Physiologie des Blutes. Inaug.-Dissert. Würzburg 1893.

[10] Abderhalden: Hoppe-Seylers Z. 23, 521 (1897); 25, 65 (1898).

[11] Austin u. Jonas: J. of biol. Chem. 33, 91 (1917).

[12] Tisdall: J. of biol. Chem. 54, 35 (1922).

[13] Denis: J. of biol. Chem. 56, 171 (1923).

[14] Underhill u. Wakemann: J. of biol. Chem. 54, 701 (1922).

[15] Goto, Kiko: Tohoku J. exper. Med. 3, 195 (1922).

[16] Morgulis u. Bollman: Amer. J. Physiol. 84, 350 (1928).

[17] Dautrebande u. Davies: J. of Physiol. 57, 36 (1922).

[18] Ewig u. Wiener: Z. exper. Med. 61, 562 (1928).

[19] Close u. Osman: Biochemic. J. 22, 1544 (1928). — Schepitinsky u. Kafitin: Arch. Gynäk. 136, 397 (1929).

[20] Boenheim: Z. exper. Med. 12, 302 (1921). — Prikladowitzky u. Brestkin: Ebenda 64, 494 (1929).

[21] Scheer: Jb. Kinderheilk. 92, 347 (1920); 94, 295 (1921). — Schober: Mschr. Kinderheilk. 26, 297 (1923).

in den Blutkörperchen vermehrt[1], ebenso unter Umständen[2] — nicht immer[3] — bei Allgemeinnarkose. Steht das Blut unter der Einwirkung äußerer Wärme, so erfolgt eine umgekehrte Verschiebung[1]. Röntgenbestrahlung führt zu Verminderung des Chlorids im Serum[4]. Bei Krankheiten sind die Variationen nach oben und nach unten viel größer; doch ist dabei wohl zu bedenken, daß es sich dabei sehr häufig nicht um eigentliche Schwankungen des *Chlorids* handelt, sondern um solche des *Wassers*, also der Gesamtkonzentration des Blutes an Salzen, für die das Chlorid nur den wesentlichsten Exponenten darstellt. Wieweit Variationsverschiebungen des Chloridions an sich, also auch gegenüber den übrigen Mineralstoffen, für bestimmte pathologische Affektionen *charakteristisch* sind, kann auf Grund der bisherigen Ermittlungen kaum je gesagt werden; dazu sind erst noch vielfache Untersuchungen notwendig, in denen ein und dieselbe Blutprobe gleichzeitig auf die *verschiedenen* Mineralstoffe analysiert wird.

Ziemlich regelmäßig findet sich *Verminderung* des Chlorids bei Fieber, Pneumonie und Diabetes. Dementsprechend bewirkt auch Adrenalin Verminderung des Serumchlorids[5], Insulin meist Erhöhung[6]. Erhöhung ist ferner ein häufiger Befund bei Herzkranken[7]. Auch bei Anämie fand Myers hohe Werte. Bei Nierenkranken äußert sich das gestörte Salzgleichgewicht ebenfalls in pathologischen Werten des Blutchlorids[8]. Meist wird eine Steigerung (bis 0,45, ja sogar bis 0,5% Cl) angetroffen, die man leicht mit der erschwerten Ausscheidung chloridreichen Harns in Beziehung setzen kann. Jedoch kommen auch abnorme Senkungen des Plasmachlorids vor, besonders bei schweren und vorgeschrittenen Fällen[9]. Als extreme Werte der Chloridverminderung gibt Marrack 0,074, selbst 0,058 n, also 0,26 und 0,21% Cl an! Auch an künstlich nierenkrank gemachten Kaninchen fanden Underhill und Wakeman[10] sowie Beckmann[11] in den schweren und anurischen Stadien herabgesetzte Chloridwerte (in hydrämischem Blute). Bestimmte Beziehungen zwischen Ödembildung und Blutchlorid lehnt Marrack ab.

Erkrankungen des Magens gehen nur unregelmäßig und mit geringfügigen Ausschlägen der Chloridkonzentration aus dem Normalbereich einher; daß z. B. Superacidität zuweilen hohe, Anacidität geringe Blutwerte aufweist, ist selbst-

---

[1] Smirk: Biochemic. J. **22**, 739 (1928).

[2] Mackay u. Dyke: Brit. J. Anaesth. **6**, 61 (1928).

[3] Reimann u. Sauter: Proc. path. Soc. Philad. **40**, 60 (1920).

[4] Schlagintweit und Siebmann: Klin. Wschr. **1922**, 2036. — Kroetz: Biochem. Z. **151**, 449 (1924); daselbst weitere Literatur.

[5] Mozai, Akiya, Inada u. Kawashima: Proc. imp. Acad. Tokyo **3**, 106 (1927).

[6] Collazo u. Händel: Dtsch. med. Wschr. **1923**, 1546. — Ni: Amer. J. Physiol. **78**, 158 (1926). — Akitani: Tokio Igakkai Zasshi **38**, 1821 (1924). — Vollmer u. Serebrijski: Biochem. Z. **158**, 366 (1925). — Takeuchi: Tohoku J. exper. Med. **11**, 327 (1928). — Vgl. jedoch mit *fehlendem* Ausschlag Versuche von Briggs, Koechig, Doisy u. Weber: J. of biol. Chem. **58**, 721 (1923). — Mozai, Akitani, Inada u. Kawashima: Tokio Igakkai Zasshi **39**, 1910 (1925) — Japana Centrarevuo med. **24/25** (1927) (zit. nach Takeuchi).

[7] McLean, F. C.: J. of exper. Med. **22**, 366 (1915). — Myers: J. Labor. a. clin. Med. **6**, 17 (1920). — Scheer: 1921. Zitiert auf S. 11. — Killian: J. of biol. Chem. **50**, XXXVII (1922). — Gram: Ebenda **56**, 593 (1923). — Peters, Bulger u. Eisenman: J. clin. Invest. **3**, 497, 511 (1927).

[8] Peters, Wakeman, Eisenman u. Lee: J. clin. Invest. **6**, 517, 551 (1929) — (Ronas Ber. **50**, 569). — Blum, Delaville u. van Caulaert: C. r. Soc. Biol. Paris **93**, 692 (1925).

[9] Myers: Zitiert diese Seite, Fußnote 7. — Marrack: Biochemic. J. **17**, 240 (1923). — Thiers: C. r. Soc. Biol. Paris **100**, 683 (1929).

[10] Underhill u. Wakeman: J. of biol. Chem. **54**, 701 (1922).

[11] Beckmann: Z. exper. Med. **29**, 604 (1922).

verständlich[1]. Bei Pylorusstenose des Säuglings fand SCHEER[2] erniedrigte Werte, ebenso GOLLWITZER-MEIER bei Erbrechen stark sauren Mageninhalts[3]. Gleiches sahen HADEN und ORR[4], auch ALSINA und PIJOAN[5] bei Unterbindung des Pylorus oder des Darmes an Hunden. Bei verschiedenen Geisteskranken (außer Paralytikern) ermittelte BOWMAN[6] normale Blutwerte; im epileptischen Anfall tritt nach PAZZALI[7] eine unwesentliche Steigerung auf.

Eine wichtige und interessante Frage ist die nach dem *Zustand* der *Chloridionen* im Blute. Die Summe der bisher ermittelten Befunde spricht mit Entschiedenheit dafür, daß sie ausnahmslos *frei beweglich* im Plasma vorhanden sind. Unmittelbar elektrometrisch mit Chlorsilberelektrode bestimmten NEUHAUSEN und MARSHALL[8] die Chloridionen und fanden sie völlig dem Gesamtgehalt an Chlor entsprechend. Besonders beweisend sind ferner die Befunde bei der Ultrafiltration und der Kompensationsdialyse; beide liefern allerdings nicht Werte, die mit den am Plasma oder Serum selbst gefundenen übereinstimmen, sondern höhere; als Gründe dafür scheinen mir a priori und prinzipiell *zwei* oder sogar *drei* in Frage zu kommen, selbst wenn man von der Schwierigkeit absieht, jede Verdunstung während der Prozedur zu vermeiden.

Die *Ultrafiltration* besteht bekanntlich aus dem Abpressen des kolloidfreien Anteils einer Lösung von den kolloidgelösten Teilchen durch mechanische Energie. In einem Ultrafiltrat kann man die gleiche Konzentration von Krystalloiden wie in der Ausgangslösung erwarten, wofern die Fortnahme der Kolloide keine meßbare *Volumenverminderung* mit sich bringt. Dies ist aber eine Voraussetzung, die bei 8% hydrophiler Kolloide, wie sie im Blutplasma vorhanden sind, nicht zutrifft: in 100 ccm Blutplasma sind nur etwa 93 ccm Wasser enthalten; man muß also schon deshalb in jedem Ultrafiltrat eine um 7—8% höhere Konzentration aller Krystalloide erwarten. Außerdem aber wird bei der Ultrafiltration vielleicht nicht trockenes Eiweiß zurückgehalten, sondern *Micellen*, die einen beträchtlichen Anteil Wasser enthalten, also notwendigerweise einen Teil des gesamten Wassers wegnehmen müßten; das Volumen der ultrafiltrierten (intermicellaren) Flüssigkeit würde dann auch aus diesem Grunde geringer sein als das Volumen des Plasmas. Für das Verhältnis der Konzentrationen der Krystalloide im Ultrafiltrat und in der Ausgangsflüssigkeit (Plasma oder Serum) würde es sich nun weiter fragen, ob die Zusammensetzung der intermicellaren Flüssigkeit von der intramicellaren Flüssigkeit abwiche oder nicht. Falls die erstgenannte an irgendeiner echt gelösten Substanz *reicher* wäre, müßte deren Konzentration im Ultrafiltrat noch über den aus dem reinen Wasservolumen des Plasmas berechneten Wert steigen; der etwaige intramicellare Anteil gelöster Substanz könnte natürlich nicht als frei beweglich betrachtet werden.

Versuche von B. S. NEUHAUSEN[9] suchten mit Hilfe der Durchleitung von kohlensäurehaltiger Luft durch Serum aus der Verdampfungsgeschwindigkeit von Wasser im Vergleich zu reinem Wasser zu einer Aufklärung über den Anteil des „gebundenen" Wassers zu gelangen; die gefundene Verdampfungsgeschwindigkeit entsprach genau der Dampfdruckerniedrigung, die die *krystalloiden* Serumbestandteile *allein* bewirken würden. NEUHAUSEN schließt daraus, daß auch in dem kolloidgebundenen Wasser die Konzentration der Krystalloide die gleiche sein müsse wie in dem *freien* Wasser, eine Schlußfolgerung, der schwer auszuweichen ist.

---

[1] BOEHNHEIM: Z. exper. Med. **12**, 295, 302 (1921). — ARNOLDI: Z. klin. Med. **76**, 45 (1912). — MOLNAR, B., u. HETENYI: Arch. Verdgskrkh. **30**, 8 (1922).

[2] SCHEER: Zitiert auf S. 11.     [3] GOLLWITZER-MEYER: Z. exper. Med. **40**, 83 (1924).

[4] HADEN u. ORR: J. of exper. Med. **37**, 365, 377; **38**, 55 (1923); **49**, 955 (1929).

[5] ALSINA u. PIJOAN: C. r. Soc. Biol. Paris **99**, 1278 (1928).

[6] BOWMAN: Amer. J. Psychiatry **2**, 379 (1923).

[7] PAZZALI: Riforma med. **39**, 433 (1923).

[8] NEUHAUSEN u. MARSHALL: J. of biol. Chem. **53**, 365 (1922).

[9] NEUHAUSEN: Ebenda **51**, 435 (1922).

Ich darf hier bemerken, daß ich ähnliche (nicht veröffentlichte) Versuche über den Dampfdruck von Blutserum im Vergleich zu Ringerlösung angestellt habe, nur daß die Verdampfung in Exsiccatoren geschah; auch ich fand keine Spur der erwarteten Verzögerung der Verdampfung durch die Kolloide, und bin daher geneigt, mich der Schlußfolgerung von Neuhausen anzuschließen.

Die bisher erreichte Technik der Ultrafiltration von Serum ist noch nicht so vollkommen, um über die hier angedeuteten Fragen endgültig Aufschluß zu geben. Dazu kommt, daß man bei der Ultrafiltration kaum die Konkurrenz derjenigen Kräfte ausschalten kann, die bei der Entstehung der Donnanschen Gleichgewichte wirksam sind, und die ihrerseits ebenfalls eine Vermehrung gewisser Anteile der Elektrolyte herbeiführen. (Vgl. unten.)

Für das Chlorid hatte Cushny[1] bei der Ultrafiltration von Rinderserum fast identische Werte im Filtrandum und Filtrat gefunden. Dagegen kamen Neuhausen und Pincus[2] mit einer wohl noch verfeinerten Technik regelmäßig zu *höheren* Werten im Ultrafiltrat und zu *niedrigeren* Werten im Filterrückstand gegenüber dem Ausgangsserum (vom Schwein). Die Zahlen lagen im Ultrafiltrat rund 10% höher als im Serum, und die Autoren berechnen eine gute Übereinstimmung mit dem im Serum anzunehmenden Volumen der Eiweißkörper.

Bei der *Kompensationsdialyse* ist eine *mechanische* Energie, die das bestehende System auseinanderreißt, ausgeschaltet. Man sucht im Gegenteil das bestehende System in seiner physikalisch-chemischen Struktur möglichst zu erhalten und durch Studium der Bedingungen, unter denen ein *Gleichgewicht* dieser Struktur mit der Umgebung erreicht wird, zu Schlüssen über die Struktur zu gelangen. Für das Chlorid sind grundlegend die Versuche von Rona und György[3], die bei der Reaktion des Blutes fast 15% mehr Chlorid in der Außenflüssigkeit fanden als im (verdünnten) Serum. Mestrezat und Ledebt[4] bestätigten das, indem sie unverdünntes Pferdeserum gegen eine viel kleinere Flüssigkeitsmenge bis zum Gleichgewicht dialysierten; auch ihre Werte zeigten stets mehr als 10% Chloridüberschuß in der eiweißfreien Flüssigkeit, zuweilen bis 25% (wobei jedoch die Reaktion nicht genau bekannt war). Rona, Haurowitz und Petow[5] fanden mit der „Kompensations-Schnelldialyse" bei etwa 14% mehr Cl die Außenflüssigkeit im Gleichgewicht mit Serum (vom $p_H$ 7,8). Rona und György hatten bereits erwiesen, daß die erhaltenen Unterschiede mit zunehmender alkalischer Reaktion wachsen, bei Säuerung abnehmen, um in der Zone der Elektroneutralität der Serumeiweißkörper Null zu werden und sich bei weiterer Säuerung schließlich umzukehren.

Durch diese Untersuchung war auch bereits eine Deutung der Erscheinung gegeben, die auf Grund des Donnanschen Theorems[6] möglich ist. Denn dessen Ausgangspunkt ist die Existenz von Salzen mit einem impermeablen Ion auf einer Seite einer Membran; Eiweißkörper können jedoch bekanntlich Salze bilden, in denen sie als Anion oder Kation auftreten, je nachdem die Reaktion der Lösung nach der alkalischen oder sauren Seite von ihrem isoelektrischen Punkt liegt. Die Lehre von dem *Donnanschen Gleichgewicht* sagt aus, daß diffusible Ionen gleicher Ladung wie das impermeable in *höherer* Konzentration jenseits der Membran auftreten als diesseits, entgegengesetzt geladene umgekehrt. Da das Eiweiß bei Blutreaktion als Säure, als Anion fungiert, muß das

---

[1] Cushny: J. of Physiol. **53**, 391 (1920).
[2] Neuhausen u. Pincus: J. of biol. Chem. **57**, 99 (1923).
[3] Rona u. György: Biochem. Z. **56**, 416 (1913).
[4] Mestrezat u. Ledebt: C. r. Soc. Biol. Paris **85**, 55 (1921) — C. r. Acad. Sci. Paris **172**, 1607 (1921).
[5] Rona, Haurowitz u. Petow: Biochem. Z. **149**, 393 (1924).
[6] Donnan: Z. Elektrochem. **17**, 572 (1911).

Dialysat im Gleichgewicht einen Überschuß von Chlorid enthalten. Zur zahlenmäßigen Berechnung dieses Überschusses fehlen zunächst noch positive Unterlagen, vor allem über Äquivalentgewicht und Dissoziationsgrad der „Eiweißsäure"[1].

Wie schon erwähnt, ist es sehr wahrscheinlich, daß während jeder Ultrafiltration die Diffusions- und elektrolytischen Kräfte ebenfalls wirksam sind, die das DONNANsche Gleichgewicht bedingen, so lange nämlich, als das Filtrat noch an und in den Poren der Filtermembran hängt und durch diese hindurch mit der Kolloidlösung in Berührung steht. Ein *Teil* der Konzentrationserhöhung im Filtrat wird also auch hier auf gleiche Weise zustande kommen wie bei der Dialyse; wie groß dieser Anteil ist, dürfte schwer zu schätzen sein.

## Chlorid der Körperflüssigkeiten.

Da bei der Bildung von Gewebsflüssigkeit und ähnlichen Produkten, wie Kammerwasser, Liquor cerebrospinalis, Ödem, Transsudaten usw., die *beiden* soeben besprochenen Momente in Betracht kommen, nämlich erstens eine mechanische Kraft, die eine eiweißfreie oder mindestens eiweißärmere Flüssigkeit abpreßt, und zweitens eine Berührung dieser kolloidarmen mit der kolloidreichen Flüssigkeit durch eine Membran hindurch, so muß aus mindestens *zwei* Gründen erwartet werden, daß alle diese Flüssigkeiten *chloridreicher* sind als das Blutplasma. In der Tat trifft dies durchaus zu.

Am *Kammerwasser* des Kaninchens ermittelte S. VAN CREVELD[2], daß der Chloridgehalt stets höher war als im Blutplasma, während er nach erstmaliger Punktion im regenerierten, eiweißhaltigen Kammerwasser wiederum niedriger war als im primären. Genau das gleiche bestätigte ASCHER[3], der als normalen Chloridwert des menschlichen Kammerwassers 0,43% Cl angibt; auch er fand eiweißhaltiges Kammerwasser chloridärmer; Glaskörperflüssigkeit war etwa ebenso chloridreich wie das Kammerwasser. Im Kammerwasser des Rindes bestimmten JESS[4] und RADOS[5] ebenfalls 0,43 bis 0,44% Cl, während die übrigen Werte von RADOS am Menschen und anderen Tieren (aus methodischen Gründen?) stark schwankten.

Im *Liquor cerebrospinalis* liegt ebenfalls die Chloridkonzentration stets höher als im Blutplasma; auch hier werden oft Werte von 0,42 bis 0,45% Cl (zuweilen sogar 0,48) erreicht, und auch hier besteht ein DONNAN-Potential gegenüber Blut[6]. Gleiches gilt für die Brustganglymphe, wie schon lange bekannt[7], für die Ödemflüssigkeit[8], Transsudate[9] und Cystenflüssigkeit[10] usw. *Es ist*

---

[1] Von BAYLISS [J. of Physiol. **53**, 162 (1919 — Arch. internat. Physiol. **18**, 277 (1921)], W. E. RINGER [Hoppe-Seylers Z. **130**, 270 (1923)] und MOND [Pflügers Arch. **199**, 187; **200**, 422 (1923)] ist bezweifelt worden, daß die Plasma-Eiweißkörper im meßbaren Betrage als Anionen auftreten könnten; dann würde die Deutung des Chloridüberschusses in Ultrafiltraten sehr viel schwerer möglich sein. — Vgl. zu dieser Frage WEBER, H. H.: Ber. Physiol. **42**, 595 (1927/28) — Biochem. Z. **158**, 443 (1925); **189**, 407 (1927); **203**, 428 (1928); **204**, 215 (1929).

[2] CREVELD, S. VAN: Biochem. Z. **123**, 304 (1921).

[3] ASCHER: Graefes Arch. **107**, 247 (1922).

[4] JESS: Ronas Ber. **18**, 261 (1923).     [5] RADOS: Graefes Arch. **109**, 342 (1922).

[6] MESTREZAT u. MOTT: Le liquide cephalorachidien, S. 37, 150 (1912); zit. nach HAUROWITZ: Hoppe-Seylers Z. **128**, 290 (1923). — RICHTER-QUITTNER: Biochem. Z. **133**, 417 (1922). — DEPISCH u. RICHTER-QUITTNER: Wien. Arch. klin. Med. 5, 321 (1923). — MARRACK: Biochemic. J. **17**, 240 (1923). — COHEN, KAMNER u. KILLIAN: Arch. of Ophthalm. **57**, 59 (1928). — LICKINT: Z. Neur. **116**, 384 (1928).

[7] HAMBURGER: Z. Biol. **30**, 143 (1893). — CARLSON, GREER u. LUCKHARDT: Amer. J. Physiol. **22**, 91 (1908). — ARNOLD u. MENDEL: Jb. biol. Chem. **72**, 189 (1927).

[8] HEINEKE u. MEYERSTEIN: Dtsch. Arch. klin. Med. **90**, 101 (1907). — HOFF, IDA: Korresp.bl. Schweiz. Ärzte **43**, 1410 (1913). — BECKMANN, KURT: Dtsch. Arch. klin. Med. **135**, 39 (1921).

[9] HEINEKE u. MEYERSTEIN: Zitiert diese Seite, Fußnote 8. — LOEB, ATCHLEY u. PALMER: J. gen. Physiol. 4, 591 (1922).

[10] MAZZOCCO: C. r. Soc. Biol. Paris **88**, 342 (1923).

*also ein allgemeines Gesetz, daß Verminderung des Eiweißgehaltes in den aus dem Blute stammenden Körperflüssigkeiten entsprechend dieser Verminderung das Chlorid vermehrt.*

Dementsprechend findet sich bei Erkrankungen der Meningen oft ein *niedrigerer*, dem Gehalt des Blutplasmas angenäherter Chloridwert[1].

## Bicarbonat.

Das Bicarbonation spielt bei der Absättigung der basischen Ionen der Blut- und Gewebsflüssigkeit nächst dem Chlorid die größte Rolle. Zuweilen kann man daher geradezu von einer Konkurrenz zwischen den beiden Säuren um die vorhandenen Basen sprechen, d. h. Vermehrung des Chlorids geht mit Veränderung des Bicarbonats einher, und umgekehrt[2]. So fanden z. B. Essen, Kauders und Porges[3], daß Änderungen des Blutchlorids durch länger dauernde reichliche oder knappe Kochsalzzufuhr mit reziproken Änderungen der alveolären Kohlensäurespannung einhergingen, und daß umgekehrt langdauernde Überventilation der Lungen zu einer Vermehrung des Blutchlorids führte. K. Beckmann[4] sah am Kaninchen bei saurer (Hafer-) Kost niedrige Bicarbonat- und hohe Chloridwerte, bei alkalischer Ernährung (Grünfutter ü. dgl.) das Umgekehrte. Wie es scheint, sorgt also im gesunden Organismus die übergeordnete Regulation der Homoiosmie dafür, daß durch entsprechenden Austausch mit den Geweben die *Summe* von Chlorid und Bicarbonat sich innerhalb gewisser Grenzen hält.

Eine Hauptaufgabe des Bicarbonats ist ja seine Vermittlerrolle bei dem Transport der Kohlensäure aus den Geweben zur Lunge. Doch geht dies bekanntlich nur mit relativ geringen Änderungen im Bicarbonat-Kohlensäuregehalt des *Plasmas* einher, weil die Hauptmenge des in den Geweben zuströmenden Kohlensäureüberschusses von dem Alkali der *Blutkörperchen* aufgenommen wird, das bei der Reduktion des Oxyhämoglobins verfügbar wird[5]. Dagegen ist das Bicarbonat-Kohlensäuregemisch der *Gewebsflüssigkeit* der wesentlichste Faktor zur Erhaltung der neutralen Reaktion. Man bemißt die Gesamtkohlensäure des Blutplasmas im Mittel auf rund 0,03 normale Konzentration, wovon höchstens einige Tausendstel als $CO_3''$, etwa 5% als $CO_2$, bei weitem die Hauptmenge als $HCO_3'$ vorhanden ist[6]; somit ergibt sich der abgerundete Durchschnittswert von 0,17 g $HCO_3$ im Plasma[6]. Jansen und Loew[7] bestimmten die Kohlensäurekapazität des menschlichen Serums bei 40 mm Hg $CO_2$-Druck auf 60 (57 bis 63) Vol.-%, gleich 0,027 molarer Konzentration; 95% davon würden zu dem Wert 0,155% $HCO_3$ führen, also nur etwa $^9/_{10}$ der eben genannten Zahl. Natürlich variiert dieser Wert auch schon unter physiologischen Verhältnissen merklich. Schon forcierte Atmung macht sich bemerkbar[8]. Pathologische Schwankungen bedingen die Zustände der *Acidose* und *Alkalose*, wobei man nach einer bequemen Ausdrucksweise *kompensierte* und *dekompensierte* Zustände

---

[1] Vgl. darüber Steiner u. Rella Beck: Jb. Kinderheilk. **103**, 223 (1923). — Neale u. Esslemont: Arch. Dis. Childr. **3**, 243 (1928). — Lickint: Z. Neur. **116**, 384 (1928). — Linder u. Carmichael: Biochemic. J. **22**, 46 (1928).

[2] Vgl. auch oben S. 11.

[3] Essen, Kauders u. Porges: Wien. Arch. klin. Med. **5**, 499 (1923).

[4] Beckmann, K.: Z. exper. Med. **29**, 579 (1922).

[5] Vgl. z. B. die zusammenfassende Darstellung von D. D. van Slyke: Physiologic. Rev. **1**, 141 (1921).

[6] Henderson, L.: Erg. Physiol. **8**, 274, 318 (1909). — Haggard, H. W.: J. of biol. Chem. **42**, 237 (1920). — Stadie u. van Slyke: Ebenda **41**, 191. — van Slyke: Ebenda **52**, 495 (1920). — Wilson: Physiologic. Rev. **3**, 312 (1923).

[7] Jansen u. Loew: Dtsch. Arch. klin. Med. **154**, 195 (1927).

[8] Vgl. z. B. Lepper u. Martland: Biochemic. J. **21**, 823 (1927)

unterscheidet. „Kompensiert" ist eine Acidose oder Alkalose bei verändertem Gehalt an Gesamtkohlensäure, wenn zugleich das Verhältnis von Bicarbonat zu freier Kohlensäure konstant und damit die Reaktion des Blutplasmas unverändert bleibt; Dekompensation tritt ein, sobald der Bicarbonatmangel zur Vermehrung, der Bicarbonatüberschuß zur Verminderung der Wasserstoffzahl führt[1].

Die Ernährung ist auch für das Bicarbonation nicht gleichgültig. Reichliche Basenzufuhr bedingt Anstieg, säurereiche Kost Verminderung. Selbstverständlich führt auch die Anhäufung von Säuren im intermediären Stoffwechsel — im Hunger[2], bei Diabetes, ja vorübergehend schon nach starken Muskelleistungen[3] — zu Verminderung des Bicarbonats.

Auch Schwangerschaft[4], Narkose[5], Schmerzreize[6], Röntgenbestrahlung[7] bedingen Senkung des Bicarbonatwertes, ebenso in den meisten Fällen Erkrankungen der Nieren[8]. Bei Kreislaufkranken weisen die Zahlen ungewöhnlich große Schwankungen von 0,009—0,033 Mol Kohlensäure im Plasma auf[9]; hohe Werte finden sich verständlicherweise bei Cyanose.

Das Bicarbonat der Blutflüssigkeit ist frei diffusibel[10]. Eine *Steigerung* seiner Konzentration wurde im Dialysat (KLEINMANN) doch nicht in Ultrafiltraten beobachtet. Auch in Liquor cerebrospinalis wurde der Bicarbonatwert *gleich* dem Werte für das Blutplasma ermittelt[11].

Anstieg des Bicarbonats wurde sowohl im Blut wie im Liquor bei Meningitis beschrieben[12].

## Sulfat.

Der Gehalt der Blutflüssigkeit an Sulfat ist noch etwas umstritten. Je nach den angewandten Methoden fand man ziemlich beträchtliche Unterschiede. Bei der gewöhnlich geübten Form der Enteiweißung durch Fällungsmethoden ergibt sich kein oder ziemlich wenig Sulfat[13]. W. DENIS[14], der ein solches Verfahren anwandte, gab folgende Zahlen für mg% $SO_4$ an: Rind 5—10, Pferd 5—9, Schaf 7—12, Schwein 7—8, Kaninchen 10, Meerschweinchen 6, Hund 4—10, Mensch höchstens 3. In einer späteren Untersuchungsreihe fanden REED und DENIS[15] für Hunde 10—15, Rinder 10—12, Ziegen 11—12, Menschen $1^1/_2$ bis $3^1/_2$ mg% anorganisches $SO_4$. Auch in der Hand desselben Analytikers schwanken also die Zahlen etwas. Erst recht fanden die meisten Untersucher,

[1] Erörterungen über weitere Kombinationen von Bicarbonat- und Reaktionsänderungen siehe bei VAN SLYKE: J. of biol. Chem. **48**, 153 (1921), ferner GOLLWITZER-MEIER: ds. Handb. **16**, 1, 1071 (1930).

[2] Vgl. u. a. LENNOX, O'CONNOR u. BELLINGER: Arch. internat. Med. **38**, 535 (1926).

[3] CHRISTIANSEN, DOUGLAS u. HALDANE: J. of Physiol. **48**, 244 (1914). — BARR, D.: Proc. Soc. exper. Biol. a. Med. **19**, 179 (1922). — SSEVERIN u. KRIMOV: Ronas Ber. **49**, 763 (1928).

[4] GAEBLER u. ROSENE: Amer. J. Obstetr. **15**, 808 (1928) — Ronas Ber. **48**, 553 (1929).

[5] MACKAY u. DYKE: Brit. J. Anaesth. **6**, 61 (1928) — Ronas Ber. **49**, 84.

[6] ROSENKOV: Ronas Ber. **49**, 364.

[7] KROETZ: Biochem. Z. **151**, 449 (1924).

[8] PETERS, WAKEMAN, EISENMAN u. LEE: J. clin. Invest. **6**, 517 (1929) — Ronas Ber. **50**, 569.

[9] PETERS, BULGER u. EISENMAN: J. clin. Invest. **3**, 497, 511 (1927) — Ronas Ber. **42**, 306f.

[10] RONA u. GYÖRGY: Biochem. Z. **48**, 278; **56**, 416 (1913). — MILROY: J. of Physiol. **57**, 253 (1923). — KLEINMANN: Biochem. Z. **196**, 98 (1928).

[11] MARRACK: Biochemic. J. **17**, 240 (1923). — PINCUS u. KRAMER: J. of biol. Chem. **57**, 463 (1923).

[12] LINDER u. CARMICHAEL: Biochemic. J. **22**, 46 (1928).

[13] Vgl. von neueren Angaben (1,5—3 mg-% $SO_4$) MONCORPS u. BOHNSTEDT: Arch. f. exper. Path. **152**, 57 (1930).

[14] DENIS, W.: J. of biol. Chem. **49**, 311 (1921); **55**, 171 (1923).

[15] REED u. DENIS: J. of biol. Chem. **73**, 623 (1927).

die das Eiweiß durch Ultrafiltration oder durch Dialyse abtrennten, höhere Werte.

Freilich sind die Zahlen mit einer gewissen Reserve aufzunehmen. Einmal kann man bei dem Verfahren der erschöpfenden Dialyse leicht vermuten, daß aus dem Material der Dialysemembranen (bei unzureichender vorheriger Auswaschung) wägbare Sulfatmengen in das Dialysat übergehen; ferner aber kommen neben Sulfat im Blutplasma auch kleinere Mengen diffusibler Schwefelsäureester vor, wie Zanetti[1] ermittelt und Meyer-Bisch[2] bestätigt hat, und daher ist die Möglichkeit nicht ganz abzuweisen, daß zuweilen ein Teil primär vorhandener Ester während der Analysenprozeduren gespalten wird. Die Werte von Gürber[3] und Rosenschein[4] für Pferdeserum, von de Boer[5] für Rinderserum, von Heubner und Meyer-Bisch[2] für Menschenserum lagen zwischen 20 und 25 mg% $SO_4$, die von Stransky[6] für Schweineserum sogar zwischen 38 und 46, die von Meyer-Bisch[7] für Hundeserum zwischen 28 und 44 mg%.

Größeres Vertrauen verdienen wohl die neueren Zahlen von Kahn und Postmontier[8], Yoshimatsu[9], Heubner und Meyer-Bisch[10], die sich denen von Denis besser anreihen: für das Rind[8, 10] lagen sie bei 8—14, für das Pferd[9] bei 6—7, für das Kaninchen[6] bei 10—11, für den Menschen[8-10] bei 3—5 (seltener bis 9) mg% $SO_4$ im Serum. Loeb und Benedikt[11] fanden mit einer sorgfältig geprüften gravimetrischen Analysenmethode 2—5 mg% $SO_4$ für das normale menschliche Serum, Koehler[12] nephelometrisch $4^1/_2$—9. Man wird also eine 0,001 normale Konzentration wohl als runden mittleren Normalwert für den Menschen ansehen dürfen, während sie bei einigen Tieren etwa das Doppelte erreicht.

Neben dem anorganischen Sulfat finden sich im Blut — wahrscheinlich verteilt auf Plasma und Körperchen — auch Schwefelsäureester. Viel ist über sie noch nicht bekannt[13] (siehe auch oben).

Bei Erkrankungen kann der Sulfatwert der Blutflüssigkeit ansteigen. Denis[14] fand bei der Urannephritis des Kaninchens mehrmals wesentlich höhere Zahlen, und auch aus den Analysen Meyer-Bischs[7] ist diese Schlußfolgerung abzuleiten, selbst wenn man zu Zweifeln an der Richtigkeit der *absoluten* Werte berechtigt ist. Vielfach fand er das Estersulfat bei Erkrankungen besonders vermehrt. Kahn und Postmontier[8], Loeb und Benedikt[15] sowie Denis, Herrmann und Reed[16] bestätigten einen Anstieg des Sulfatschwefels bis auf das 10fache der Norm bei Herz-, Nieren- und Leberkranken. Bei Asphyxie sahen (im Tierversuch) Binet und Fabre[17] mitunter ein Absinken des Plasmasulfats auf die Hälfte. Nach Schwefelbehandlung der Haut nimmt das Sulfat des Serums zu[18].


[1] Vgl. Maly **1897**, 31.

[2] Heubner, W., u. Meyer-Bisch: Biochem. Z. **122**, 120 (1921).

[3] Gürber: Verh. physik.-med. Ges. Würzburg **28**, 6 (1894).

[4] Rosenschein: Weitere Beiträge zur Kenntnis der Blutsalze. Inaug.-Dissert. Würzburg 1899.

[5] de Boer: J. of Physiol. **51**, 211 (1917).

[6] Stransky: Biochem. Z. **122**, 1 (1921).

[7] Meyer-Bisch: Z. klin. Med. **94**, 237 (1922) — Biochem. Z. **150**, 23 (1924).

[8] Kahn u. Postmontier: J. Labor. a. clin. Med. **20**, 317 (1925).

[9] Yoshimatsu: Tohoku J. exper. Med. **7**, 119 (1926).

[10] Heubner u. Meyer-Bisch: Biochem. Z. **176**, 184 (1926).

[11] Loeb u. Benedikt: J. clin. Invest. **4**, 33 (1927).

[12] Koehler: J. of biol. Chem. **78**, LXX (1928).

[13] Vgl. u. a. Heubner u. Meyer-Bisch: Biochem. Z. **122**, 120 (1921). — Reed u. Denis: J. of biol. Chem. **73**, 623 (1927).

[14] Denis: J. of biol. Chem. **56**, 473 (1923); **73**, 41, 51 (1927).

[15] Loeb u. Benedikt: J. clin. Invest. **4**, 33 (1927).

[16] Denis, Herrmann u. Reed: Arch. int. Med. **41**, 385 (1928).

[17] Binet u. Fabre: C. r. Soc. Biol. Paris **99**, 577 (1928).

[18] Moncorps u. Bohnstedt: Arch. f. exper. Path. **152**, 57 (1930).

Im *Liquor cerebrospinalis* von Menschen fand HAUROWITZ[1] 3—4 mg% $SO_4$ (nach Veraschung) als Gesamtschwefel, von dem er jedoch nur ein Fünftel auf Eiweißschwefel anzurechnen brauchte; er kam also auf rund 2,7 mg Sulfat. Im Kammerwasser von Kaninchen ermittelten HEUBNER und MEYER-BISCH[2] 6 mg $SO_4$. In beiden Fällen lag also der Sulfatwert des Transsudates aus der Blutflüssigkeit eher *niedriger* als er in dieser selbst nach den sonst bekannten Analysen erwartet werden mußte; ganz gewiß kann nach den bisherigen Befunden keine Rede davon sein, daß sich das Sulfat des Blutplasmas ebenso wie das Chlorid verhielte, also entsprechend dem DONNANschen Gesetz in den Transsudaten in *höherer* Konzentration erschiene. Wie es kommt, daß in diesem Falle die künstlich gewonnenen Ultrafiltrate wesentlich mehr Salzionen enthalten als die im Körper entstehenden[2], bietet noch ein Problem, dessen Aufklärung vielleicht nicht unwichtig wäre.

In der *Ascitesflüssigkeit* eines Falles bestimmte MARRACK[3] (ohne Dialyse) 36 mg $SO_4$, das er jedoch selbst als ein möglicherweise durch Bakterien gebildetes Produkt erklärte.

## Phosphat.

Auch Phosphat findet sich in der Blutflüssigkeit zum Teil *frei* als anorganisches Salz, zum Teil als leicht löslicher und diffusibler Ester. Die Summe beider wird auch vielfach als „säurelöslicher Phosphor" bezeichnet, der Esterphosphor allein nach FEIGL[4] als „Restphosphor". Die Form, in der man sich das anorganische Ion vorzustellen hat, ist durch die Beziehung zwischen Reaktion, d. h. Wasserstoffzahl und Mischungsverhältnis der Phosphate, gegeben; bei der normalen Reaktion des Blutplasmas beträgt das molare Verhältnis des sekundären Phosphats zum primären etwa 4[5].

Wenn WIECHOWSKI[6] für dieses Verhältnis die Zahl 2 ansetzt und daraus ein gedachtes 5wertiges Ion $(PO_4)_3H_4$ ableitet, so scheint mir dies einem etwas zu wenig alkalischen Gebiet zu entsprechen; das gedachte Ion müßte besser 9 Wertigkeiten auf 5 Phosphorsäureresten tragen. Es ist bei diesem Übergewicht des sekundären Phosphats wohl erlaubt, alle Phosphatangaben zahlenmäßig als $HPO_4$-Ion auszudrücken und dies „cum grano salis" zu verstehen. Übrigens wechselt ja mit der Blutreaktion das Verhältnis der beiden Phosphationen, kann also während des Lebens wohl die Grenzwerte 2 und 9 erreichen, d. h. der Anteil des sekundären Phosphats kann 7—9 Zehntel des Gesamtphosphats ausmachen.

Zwischen dem anorganischen Phosphat und dem Esterphosphat bestehen zweifellos genetische Beziehungen, insofern je nach den Umständen das eine sich auf Kosten des andern bilden kann[7]. Über den Gehalt des Blutplasmas (oder Serums) an Phosphat ist seit Ausbildung der Mikromethoden im Laufe der letzten Jahre ein sehr reiches Material gesammelt worden, das in Summa als Mittelwert für den normalen erwachsenen Menschen etwa 10 mg% $HPO_4$, allerdings bei nicht geringer Schwankungsbreite geliefert hat. Auch die Angaben verschiedener Autoren lassen Abweichungen untereinander erkennen; dabei spielt neben möglichen analytisch-methodischen Fehlern[8] wohl auch die Tageszeit der Blutentnahme eine Rolle; denn bereits FEIGL[9] konnte feststellen, daß die Nüchternwerte wesent-

---

[1] HAUROWITZ: Hoppe-Seylers Z. **128**, 290 (1923). — In dem Referat von SCHMITZ (Ronas Ber. **21**, 481) sind die Zahlen von HAUROWITZ um eine Dezimale zu hoch angegeben!
[2] HEUBNER u. MEYER-BISCH: Biochem. Z. **176**, 184 (1926).
[3] MARRACK: Biochemic. J. **17**, 240 (1923).
[4] FEIGL: Biochem. Z. **83**, 81 (1917).
[5] Vgl. SÖRENSEN: Biochem. Z. **21**, 131 (1909).
[6] WIECHOWSKI: Verh. dtsch. Ges. inn. Med. **36**, 10 (Kissingen 1924).
[7] Vgl. z. B. IVERSEN: Biochem. Z. **114**, 297 (1921). — ZUCKER u. GUTMAN, MARGARET: Proc. Soc. exper. Biol. a. Med. **20**, 133 (1922). — BUELL, MARY: J. of biol. Chem. **56**, 97 (1923).
[8] Vgl. LAWACZECK: Biochem. Z. **145**, 351 (1924).
[9] FEIGL: Biochem. Z. **81**, 380 (1917).

lich niedriger liegen als einige Stunden nach Nahrungsaufnahme. Dementsprechend konstatierten Morgulis und Bollman[1] bei hungernden Tieren einen etwas niedrigeren Phosphatwert als bei gefütterten ($12^{1}/_{2}$ gegen 14 mg% $HPO_4$). Im Gegensatz dazu fanden allerdings Kay und Byrom[2] bei Menschen nach Mahlzeiten das Phosphat (wie die leicht spaltbaren Ester) *vermindert*. Warkany[3] fand an Kaninchen und kleinen Kindern nach oraler Zufuhr von Phosphaten einen allmählichen, nach 2—3 Stunden den Gipfel erreichenden, vorübergehenden Anstieg bis zu etwa 180% der Norm („phosphatämische Kurve"). Auch die Jahreszeit ist nicht gleichgültig: A. Hess und Marion Lundagen (vgl. S. 21, Fußnote 16) ermittelten bei Kindern einen allmählichen Abfall der Durchschnittswerte für das Blutphosphat vom Hochsommer bis zum März, nämlich von 13,3 auf 10,9 mg% $HPO_4$. Ebenso erwies sich nach Magee, Anderson und Glennie[4] an Kaninchen der Phosphatwert im März/April am niedrigsten, im Juni/Juli am höchsten. Am erwachsenen Menschen fanden Harvard und Reay[5] im Januar die niedrigsten, im Sommer die höchsten Zahlen. Nach den ausgedehnten Untersuchungen von Wade H. Brown[6] und seinen Mitarbeitern wiederholen sich die jahreszeitlichen Schwankungen keineswegs in gleicher Weise in den verschiedenen Jahren. Unter den dabei wirksamen Faktoren spielt das Licht zweifellos eine Rolle.

Die Grenzen des Phosphats (vgl. Tab. 1) liegen beim Erwachsenen zwischen 3 und 15 mg% $HPO_4$; dies entspricht einer 0,0003—0,0015 molaren Konzentration und nahezu der doppelten Äquivalentkonzentration. Für das Esterphosphat gilt genau das gleiche wie für das Estersulfat, daß es nämlich im allgemeinen unter normalen Verhältnissen in der Blutflüssigkeit nur einen *kleinen* Bruchteil der gesamten Säureester ausmacht[7]. Vielleicht fehlt es auch ganz und beschränkt sich ausschließlich auf die Blutzellen, in denen es sehr reichlich vorkommt.

Das Blutphosphat ist, wie andere Anionen, von der *Ernährung* abhängig. So fanden Kramer und Howland[8] an *Ratten* ein Absinken des anorganischen Phosphats auf 9 mg $HPO_4$ bei phosphorarmer Fütterung. Gleiches sahen Malam, Green und du Toit an Kühen (statt 16 nur 7 mg% $HPO_4$ im Durchschnitt auf phosphorarmen Weidegründen[9]); dabei fanden sich jedoch im Blute der *Kälber* interessanterweise stets normale Werte.

Das Gleichgewicht zwischen anorganischem Phosphat und Esterphosphat ist äußerst leicht verschieblich, und zwar auch, abgesehen von den vielgestaltigen, heute noch nicht klar übersehbaren Umsetzungen in den funktionierenden Geweben, schon im Blute selbst, wobei freilich wohl bei der bisher entwickelten und meist geübten Methodik noch nicht scharf unterschieden werden kann zwischen den Umsetzungen, die *innerhalb* der Blutflüssigkeit vom Salzion zu etwa vorhandenen Estern und umgekehrt führen, und einer *Wanderung* aus der Blutflüssigkeit in die Blutkörperchen und Veresterung in deren *Innerem* (und umgekehrt). Säuerung scheint immer im Sinne einer Zunahme des freien Phosphats

[1] Morgulis u. Bollman: Amer. J. Physiol. **84**, 350 (1928).
[2] Kay u. Byrom: Brit. J. exper. Path. **8**, 240 (1927).
[3] Warkany: Z. Kinderheilk. **46**, 1 (1928).
[4] Magee, Anderson u. Glennie: Brit. J. exper. Path. **9**, 119 (1928).
[5] Harvard u. Reay: Biochemic. J. **19**, 882 (1925).
[6] Wade H. Brown: The Harvey lectures (New York) **24**, 106 (1930).
[7] Feigl: Biochem. Z. **83**, 81 (1917) — Hoppe-Seylers Z. **111**, 280 (1920). — Kay: Brit. J. exper. Path. **7**, 177 (1920). — Goodwin u. Robison: Biochemic. J. **18**, 1161 (1924). — Martland u. Robison: Ebenda **20**, 847 (1926). — Macheboeuf: Bull. Soc. Chim. biol. Paris **9**, 700 (1927) u. a. m.
[8] Kramer u. Howland: Proc. biol. chem. **50**, XXI (1922).
[9] Malam, Green u. du Toit: J. agricult. Sci. **18**, 384 (1928).

**Tabelle 1. Normaler Phosphorgehalt der Blutflüssigkeit** (mg% $HPO_4$).

| Art der unter-suchten Individuen | Anorganisches Phosphat | | | Säurelöslicher Phosphor | | | Autoren |
|---|---|---|---|---|---|---|---|
| | Mini-mum | Maxi-mum | Mittel | Mini-mum | Maxi-mum | Mittel | |
| Erwachsene Menschen | — | — | — | 6 | 18 | — | GREENWALD[1] |
| ,, | 3 | 15 | — | 4 | 18 | — | FEIGL[2] |
| ,. | 3 | 11 | — | — | -- | — | McKIM MARRIOTT u. HAESSLER[3] |
| ,, | 4 | 4 | — | — | — | — | DENIS u. MINOT[4] |
| ., | 7 | 14 | 10 | 8 | 14 | 11 | McKELLIPS, DE YOUNG u. BLOOR[5] |
| ., | — | — | — | — | — | 20 | ZUCKER u. MARG. GUTMAN[6] |
| ., | 8 | 10 | — | — | — | — | TOLSTOI[7] |
| ,, | — | — | 9 | — | — | — | W. EDDIE u. HATTIE HEFT[8] |
| ,, | — | — | 11 | — | — | — | MOORHEAD, SCHMITZ, CUTTER u. MYERS[9] |
| ,, | 11 | 15 | — | — | — | — | SEIDEL[10] |
| Frauen | 7 | 12 | 9 | — | — | — | DE WESSELOW[11] |
| ,, | 8 | 14 | 11 | 9 | 14 | 12 | PLASS u. EDNA TOMPKINS[12] |
| Schwangere | 8 | 12 | 10 | 9 | 13 | 11 | PLASS u. EDNA TOMPKINS[12] |
| ,, | — | — | 11 | — | — | — | BOCK[13] |
| Kinder, 2—14 Tage alt | 4 | 14 | 9 | 9 | 25 | 16 | McKELLIPS usw.[5] |
| Jüngere Kinder | 12 | 15 | — | — | — | — | HESS u. P. GUTMAN[14] |
| Junge Kinder u. Säuglinge | — | — | 15 | — | — | — | HOWLAND u. KRAMER[15] |
| ,, | — | — | 12 | — | — | — | HESS u. MARION LUNDAGEN[16] |
| Kinder, $^1/_4$—13 Jahre alt | 12 | 20 | 15 | — | — | — | GRACE H. ANDERSON[17] |
| Kinder unter 10 | — | — | 15,5 | — | — | — | MOORHEAD usw.[9] |
| Säuglinge | 12 | 16 | 16 | — | — | — | GYÖRGY[18] |
| ,, | — | — | 14 | — | — | — | CIMBLER u. BEGANO[19] |
| Neugeborene | 11 | 19 | 14 | 13 | 22 | 18 | PLASS usw.[12] |
| Kaninchen | 8 | 22 | 15 | — | — | — | E. LEHMANN[20] |
| ,, | 12 | 17 | — | — | — | — | MARY BUELL[21] |
| Ratten | — | — | — | — | — | 20 | ZUCKER usw.[6] |
| ,, | 22 | 26 | 25 | — | — | — | HOWLAND usw.[15] |
| Hunde | 11 | 33 | 14 | — | — | — | MARY BUELL[21] |
| ,, | 9 | 16 | — | — | — | — | DENIS[22] |


[1] GREENWALD: J. of biol. Chem. **21**, 29 (1917).

[2] FEIGL: Biochem. Z. **83**, 81 (1917).

[3] McKIM MARRIOTT u. HAESSLER: J. of biol. Chem. **32**, 241 (1919).

[4] DENIS u. MINOT: Arch. int. Med. **26**, 99 (1920).

[5] McKELLIPS, DE YOUNG u. BLOOR: J. of biol. Chem. **47**, 53 (1921).

[6] ZUCKER u. MARG. GUTMAN: Proc. Soc. exper. Biol. a. Med. **20**, 133 (1922).

[7] TOLSTOI: J. of biol. Chem. **55**, 157 (1923).

[8] EDDIE, W., u. HATTIE HEFT: J. of biol. Chem. **55**, XII (1923).

[9] MOORHEAD, SCHMITZ, CUTTER u. MYERS: J. of biol. Chem. **55**, XIII (1923).

[10] SEIDEL: Z. exper. Med. **57**, 698 (1927).

[11] DE WESSELOW: Lancet **203**, 227 (1922).

[12] PLASS u. EDNA TOMPKINS: J. of biol. Chem. **56**, 309 (1923).

[13] BOCK: Arch. Gynäk. **131**, 287 (1927).

[14] HESS u. P. GUTMAN: Proc. Soc. exper. Biol. a. Med. **19**, 31 (1921).

[15] HOWLAND u. KRAMER: Amer. J. Dis. Childr. **22**, 105 (1921) — Bull. Hopkins Hosp. **33**, 313 (1922) — Mschr. Kinderheilk. **25**, 279 (1923).

[16] HESS u. MARION LUNDAGEN: Proc. Soc. exper. Biol. a. Med. **19**, 380 (1922). — Vgl. auch HESS u. MATZNER: Ebenda **20**, 75 (1922).

[17] ANDERSON, GRACE H.: Biochemic. J. **17**, 43 (1923).

[18] GYÖRGY: Jb. Kinderheilk. **99**, 1 (1922).

[19] CIMBLER u. BEGANO: Ronas Ber. **41**, 755 (1927).

[20] LEHMANN, E.: J. of biol. Chem. **48**, 293 (1921).

[21] BUELL, MARY: J. of biol. Chem. **56**, 97 (1923).

[22] DENIS: J. of biol. Chem. **55**, 171 (1923).

zu wirken, so Anreicherung mit Kohlensäure extra corpus[1], coma diabeticum[2], Acidose durch Schilddrüsenfütterung an Kaninchen[3], schon das normale Venöswerden des Blutes[4]. Stehenlassen des Blutes an der Luft, Defibrinieren, Erwärmen u. dgl. ist deshalb auch nicht gleichgültig für das Gleichgewicht zwischen Phosphat und Estern[5]. Auch Belichtung spaltet Phosphorsäureester[6]. Muskelarbeit[7], ebenso Röntgenbestrahlung[8] führen zu Anstieg des Phosphats. Reichliche Glykosezufuhr am nüchternen Menschen senkt das Blutphosphat[9], ebenso Dioxyaceton[10], Natriumlactat[11], ferner Insulin am Menschen, Hund und Kaninchen[9,12]. Zuweilen wurde freilich auch Anstieg des Phosphats bei Insulinzufuhr beobachtet[13]. Offenbar spiegeln die Beziehungen zwischen Phosphat und Estern im Blute zum Teil die bedeutsamen Umsetzungen analoger Art wider, die mit allerwichtigsten Funktionen des Muskels usw. verknüpft sind, zeigen sich daher sehr empfindlich gegen Hormone und deren verschiedene Konstellationen. Injektion von Adrenalin senkt das Blutphosphat[14], nach Barrenscheen, Eisler und Popper[15] infolge Beschlagnahme des Insulins durch die erzeugte Hyperglykämie. Nach doppelseitiger Nebennierenexstirpation sank in Versuchen von Swingle[16] mit dem Blutzucker auch das Phosphat. Ferner erniedrigten es Injektionen von Cholin[17], Pepton[18] sowie Extrakten aus Thymus, Milz, Lymphknoten[19], endlich Tränendrüsen[20] (wenigstens anfangs).

Das anorganische Phosphat ist *frei diffusibel*, wie durch Kompensationsdialyse[21] und Ultrafiltration[22] festgestellt wurde. Neuhausen und Mit-

---

[1] Lawaczeck: Biochem. Z. **145**, 351 (1924).

[2] Byrom: Brit. J. exper. Path. **10**, 10 (1929).

[3] Magee, Anderson u. Glennie: Brit. J. exper. Path. **9**, 119 (1928).

[4] Hoff: Biochem. Z. **209**, 195 (1929).

[5] Lawaczeck: Zitiert diese Seite, Fußnote 1. — Kay u. Byrom: Brit. J. exper. Path. 8. 240 (1927). — De Toni: Boll. Soc. ital. Biol. sper. **4**, 161 (1929).

[6] De Toni u. Stancati: Boll. Soc. ital. Biol. sper. **4**. 165 (1929). — Harnes: J. of exper. Med. **49**, 859 (1929).

[7] Feigl: Biochem. Z. **81**, 380 (1917). — Harrop u. Benedict: J. of biol. Chem. **59**, 683 (1924). — Mittelstedt, Dervies u. Georgievskaja: Ronas Ber. **49**, 763 (1929). — Ewig u. Wiener: Z. exper. Med. **61**, 562 (1928).

[8] Cori u. Pucher: Amer. J. Roentgenol. **10**, 738 (1923). — Kroetz: Biochem. Z. **151**, 449 (1924).

[9] Harrop u. Benedict: Proc. Soc. exper. Biol. a. Med. **20**, 430 (1922) — J. of biol. Chem. **59**, 683 (1924).

[10] Lambic u. Redhead: Biochemic. J. **21**, 549 (1927).

[11] Riegel: J. of biol. Chem. **74**, 135 (1927).

[12] Wigglesworth, Woodrow, Smith u. Winter: J. of Physiol. **57**, 447 (1923). — Perlzweig, Latham u. Keefer: Proc. Soc. exper. Biol. a. Med. **21**, 33 (1923). — Winter u. Smith: J. of Physiol. **58**, 327 (1924). — Staub, Günther u. Fröhlich: Klin. Wschr. **2**, 2337 (1923). — Briggs, Koechig, Doisy u. Weber: J. of biol. Chem. **58**, 721 (1923). — Blatherwick, Bell u. Hill: J. of biol. Chem. **59**, XXXV (1924). — Savino: C. r. Soc. Biol. Paris **91**, 29 (1924). — Häusler u. Heesch: Pflügers Arch. **210**, 545 (1925). — Bolliger u. Hartman: J. of biol. Chem. **64**, 91 (1925). — Katayama u. Killian: Ebenda **71**, 707 (1927). — Mozai, Akiya, Inada u. Kawashima: Proc. imp. Acad. Tokyo **3**, 113 (1927). — Bolliger: Z. exper. Med. **59**, 717 (1928). — Kerr: J. of biol. Chem. **78**, 35 (1928).

[13] Barrnscheen u. Berger: Biochem. Z. **177**, 81 (1926). — Florence u. Zola: Bull. Soc. Chim. biol. Paris **9**, 1244 (1927).

[14] Mozai, Akiya, Inada u. Kawashima: Zitiert diese Seite, Fußnote 12.

[15] Barrenscheen, Eisler u. Popper: Biochem. Z. **189**, 119 (1927).

[16] Swingle: Amer. J. Physiol. **79**, 666 (1927).

[17] Jacobson u. Rothschild: Z. klin. Med. **105**, 417 (1927).

[18] Chahoritch u. Vichnjitsch: C. r. Soc. Biol. Paris **99**, 1264 (1928).

[19] Nitschke: Z. exper. Med. **65**, 637, 651 (1929).

[20] Michael u. Vancea: C. r. Soc. Biol. Paris **100**, 377 (1929); **102**, 1125 (1929).

[21] Rona u. Takahashi: Biochem. Z. **49**, 370 (1913). — Kleinmann: Ebenda **196**, 98 (1928).

[22] Cushny: J. of Physiol. **53**, 391 (1920). — Mayrs: Ebenda **58**, 276 (1924).

arbeiter[1] fanden bei behutsamem Vorgehen im Ultrafiltrat vom Schweineserum *mehr*, im Filtrationsrückstand *weniger* Phosphat als im ursprünglichen Serum, also qualitativ das gleiche Verhalten wie bei Chlorid; doch war das quantitative Ausmaß der (relativen) Unterschiede im ganzen geringer, was aber vielleicht durch die Grenzen der Methodik bedingt war; jedenfalls fand sich recht angenähert so viel Phosphat im Ultrafiltrat, wie der Berechnung des Serumphosphats auf reines Serum*wasser* entsprach. Derselbe Schluß ergibt sich aus den Ergebnissen der Kompensationsdialyse (KLEINMANN[2]).

Nach Verjagen der Kohlensäure verliert der größte Teil des Phosphats — wie erklärlich — die Ultrafiltrierbarkeit[3], ebenso durch Überschuß von Calcium im Blutplasma, wie er durch reichliche Fütterung von Kalksalzen oder -injektionen des Hormons der Epithelkörperchen (Parathormon) erzielt werden kann[4]. GROLLMAN fand z. B. an Schweineserum folgende Zahlen:

| mg% Ca | Phosphat ultrafiltrierbar | |
|---|---|---|
| | mg | % |
| 9,4 | 9,7 | 100 |
| 10,0 | 10,6 | 95 |
| 10,0 | 9,5 | 91 |
| 13,5 | 9,8 | 80 |
| 16,0 | 9,7 | 34 |
| 19,1 | 8,7 | 22 |
| 20,6 | 9,3 | 10 |
| 32,2 | 9,5 | 5 |

Beim Hunde sank unter Parathormonwirkung nach Anstieg des Calciums von 10 auf 18 mg% der ultrafiltrierbare Anteil des Phosphats bis auf 60%. Übrigens bestätigte auch GROLLMAN unter normalen Bedingungen die *völlige* Ultrafiltrierbarkeit des Phosphats im Schweine- und Hundeserum, während sie beim Huhn, Schildkröte und Frosch nur *partiell* bestand. Beim Menschen ist nach BRAIN, KAY und MARSHALL[5] das Phosphat zu mindestens 80% dialysabel, doch sicher in geringerer Menge, als nach dem Donnangleichgewicht zu erwarten wäre.

Unter abnormen Verhältnissen ändert sich der Phosphatgehalt nicht selten beträchtlich. Doch scheint heute noch nicht in vollem Umfange ermittelt zu sein, wie weit man mit *Gesetzmäßigkeiten* dieser Veränderung zu rechnen hat. Durch Menstruation, Schwangerschaft und Klimakterium ändert sich der Phosphatwert des menschlichen Serums im allgemeinen nicht[6]. Nur in den letzten Stadien der Schwangerschaft zeigt sich die Neigung zum *Absinken* des Phosphats[7]. Auch unmittelbar nach der Geburt fand BOCK[8] den Phosphatwert ein wenig erniedrigt, was er als Folge des Blutverlustes deutet. Äthernarkose bewirkte nach MAGEE, ANDERSON und GLENNIE[9] an Kaninchen, STEHLE und BOURNE[10] (nicht immer, doch oft) an Hunden eine Vermehrung, dagegen nach JEANS-TALLERMANN[11]

[1] NEUHAUSEN u. MARSHALL: J. of biol. Chem. **53**, 365 (1922). — NEUHAUSEN u. PINCUS: Ebenda **57**, 99 (1923).

[2] KLEINMANN: Zitiert auf S. 22, Fußnote 21.

[3] HIRTH u. TSCHIMBER: C. r. Soc. Biol. Paris **91**, 592 (1924).

[4] GROLLMAN: J. of biol. Chem. **72**, 565 (1927).

[5] BRAIN, KAY u. MARSHALL: Biochemic. J. **22**, 628 (1928).

[6] BOCK: Arch. Gynäk. **131**, 287 (1927). — SCHEPETINSKY u. KAFITIN: Ebenda **136**, 397 (1929).

[7] DE WESSELOW: Lancet **203**, 227 (1922). — PLASS u. TOMPKINS: Zitiert auf S. 21, Fußnote 12.

[8] BOCK: Zitiert diese Seite, Fußnote 6.

[9] MAGEE, ANDERSON u. GLENNIE: Zitiert auf S. 22, Fußnote 3.

[10] STEHLE u. BOURNE: J. of biol. Chem. **60**, 17 (1924). — Vgl. jedoch auch BOLLIGER: J. of biol. Chem. **67**, LVI (1926).

[11] JEANS-TALLERMANN: Brit. J. Childr. Dis. **21**, 268 (1924). — Zitiert nach GYÖRGY: Rachitis und Tetanie. Berlin: Julius Springer. **1929**, 71.

an Kindern eine Verminderung des Serumphosphats. Auch tödlicher Aderlaß hat Phosphatanstieg zur Folge[1].

*Nierenerkrankung* führt in vielen Fällen zu Steigerung des Blutphosphats[2], unter Umständen bis 60 mg% $HPO_4$. DE Wesselow hält schon eine Vermehrung auf 15—25 mg% für prognostisch ernst, über 30 für ganz ungünstig. Byrom und Kay[3] geben folgende Mittelwerte für ihre Phosphatbestimmungen am Nierenkranken an: Gesunde 9,6; akute Nephritis 12,4; subakute Nephritis 15,5; chronische Nephritis 23,2; moribunder Nierenkranker 30,6 mg% $HPO_4$. Leicht verständlich ist ein Anstieg in gewissen Stadien der *Frakturheilung*[4].

Bei *Rachitis* ist eine Verminderung des Phosphats im floriden Stadium und Rückkehr zu höheren Werten im Heilungsstadium eine immer wieder bestätigte Regel[5]; die Werte bei jungen Kindern sinken dabei auf 8—11 mg% $HPO_4$. Howland und Kramer[6] stellten für Mensch und Ratte die Regel auf, daß das *Produkt* von Ca und Phosphat entscheidend sei; liegt die Zahl für das Produkt von mg% Ca mal mg% P (anorganisch) unter 30, so tritt (wenigstens im Tierversuch) stets Rachitis auf, liegt sie über 40, so bleibt sie aus.

Ebenso regelmäßig wie das Absinken des Phosphatwertes mit dem Eintreten der Rachitis stellt sich bei der *Heilung* ein Anstieg ein, und zwar bei Zufuhr des bestrahlten Ergosterins als typischen Heilmittels bereits *vor* Besserung der Knochenstruktur. An Ratten sahen dies Hess und Sherman[7]; an Säuglingen stellte Warkany[8] fest, daß die nach Phosphatfütterung eintretende „phosphatämische Kurve" (vgl. S. 20) wieder zur normalen Höhe zurückkehrt, während sie im floriden Stadium der Krankheit ganz abgeflacht verläuft oder überhaupt gelöscht ist. Auch an *normalen* Kaninchen zeigte sich in Warkanys Versuchen eine Erhöhung der phosphatämischen Kurve nach Verabreichung größerer Mengen von Vitamin D. Harris und Stewart[9], Haffner[10] und Heubner[11] fanden nach hohen Dosen des Vitamins auch ohne Phosphatzufuhr das Serumphosphat erhöht, und zwar im großen und ganzen proportional der zugeführten Dosis. Der Gipfel des Anstiegs wird nach einer einmaligen Vitamindosis erst nach einigen Tagen erreicht und bleibt einige Zeit bestehen. Die Grenze einer Wirkung auf das Blutphosphat liegt nach Heubner etwa bei 25000 antirachitischen Rattenschutzdosen für das Kilogramm Kaninchen. Allerdings ist noch unbestimmt, ob *nur* das echte Vitamin oder auch Begleitstoffe an der Wirkung auf das Phosphat beteiligt sind. An erwachsenen Menschen fanden Havard und Hoyle[12] die Zufuhr von Vitamin D (in entsprechend kleineren Dosen) ohne

---

[1] Nitzescu u. Runceanu: C. r. Soc. Biol. Paris **97**, 27, 1109 (1927).

[2] Feigl: Biochem. Z. **81**, 380 (1917). — Marriott u. Haessler: J. of biol. Chem. **32**, 241 (1919). — Denis u. Hobson: Ebenda **55**, 183 (1923). — Marrack: Biochemic. J. **17**, 240 (1923). — DE Wesselow: Quart. J. Med. **16**, 341 (1923).

[3] Byrom u. Kay: Brit. J. exper. Path. **8**, 429 (1927).

[4] Tisdall u. Harris: J. amer. med. Assoc. **79**, 884 (1922). — Moorhead, Schmitz, Cutter u. Myers: Zitiert auf S. 21, Fußnote 9. — Eddy u. Heft: J. of biol. Chem. **55**, XII (1923). — Rudd: Ronas Ber. **44**, 548 (1928).

[5] Howland u. Kramer: Amer. J. Dis. Childr. **22**, 105 (1921). — Hess u. P. Gutman: Proc. Soc. exper. Biol. a. Med. **19**, 31 (1921). — György: Jb. Kinderheilk. **99**, 1 (1922). — Freudenberg u. György: Münch. med. Wschr. **1922**, 422. — Tisdall: Amer. J. Dis. Childr. **24**, 382 (1922). — Gorter u. Streng: Meded. Rijksinst. pharmacother. Onderz. (holl.) **7**, 45 (1924).

[6] Howland u. Kramer: Mschr. Kinderheilk. **25**, 279 (1923).

[7] Hess u. Sherman: J. of biol. Chem. **73**, 145 (1927).

[8] Warkany: Z. Kinderheilk. **46**, 1, 416 (1928).

[9] Harris u. Stewart: Biochemic. J. **23**, 206 (1929).

[10] Haffner: Klin. Wschr. **1929**, 1516.

[11] Heubner: Nachr. Ges. Wiss. Göttingen, Math.-physik. Kl. **1930**, 149.

[12] Havard u. Hoyle: Biochemic. J. **22**, 713 (1928).

Einfluß auf das Phosphat, was mit den Befunden an Tieren durchaus übereinstimmt.

Auch die *Tetanie* zeigt Beziehungen zum Blutphosphat, doch sind dabei die verschiedenen Formen nicht gleichzusetzen. Bei der Säuglingstetanie liegen die Werte für das Phosphat in normalen Grenzen, wenn auch nahe der oberen[1]; bei der Tetanie Erwachsener sah dagegen ELIAS mit SPIEGEL und WEISS[2] eine Erhöhung der Werte (für das *Gesamt*phosphat mit Estern), die auch in anfallsfreien Perioden bestehen blieb. Bei der „Guanidintetanie" von Kaninchen und Katzen war in Versuchen von NELKEN[3] das Phosphat beträchtlich erhöht; bei der Tetanie von Hunden nach Exstirpation der Nebenschilddrüsen[4] wurden wechselnde Befunde, bald beträchtliche, bald sehr geringfügige Steigerungen ermittelt; zuweilen sah SALVESEN nach anfänglichem Anstieg als Folge der Operation ein Absinken des Phosphatwertes bis unter die Norm. Die Steigerung des Phosphats kann bis etwa zum Doppelten des Normalwertes gehen. A. M. DI GIORGIO[5] glaubt, auch die nach Entzug von Vitamin B an Hunden auftretenden Erscheinungen als eine Form der Tetanie auffassen zu dürfen. Dabei bleibt der Phosphatwert des Serums im allgemeinen normal, um erst während terminaler Krampfanfälle in die Höhe zu gehen. Die säurelöslichen Phosphorsäureester sind dagegen schon früher vermehrt.

In zwei Fällen von Myxödem fand LANDSBERGER[6] niedrige Phosphatwerte (3—6 mg $HPO_4$), und in einem der beiden Anstieg bei Thyreoidinbehandlung.

Eine Erhöhung der Phosphatwerte fand FEIGL[7] noch bei mancherlei sonstigen Affektionen, wie akuten Infektionskrankheiten, Carcinom, Diabetes, akuter gelber Leberatrophie und anderen konsumierenden Krankheiten; vielfach war auch das Esterphosphat absolut und relativ vermehrt.

Der Anstieg des anorganischen Phosphats (bei gleichzeitiger Verminderung der Ester) im diabetischen Koma kann nach BYROM[8] nur zum Teil auf die Acidose bezogen werden, sondern hängt vielleicht mit gleichzeitiger Nierenschädigung zusammen.

Experimentell erzeugte maligne Tumoren bewirkten an Kaninchen ein Absinken des Serumphosphats, später einen Anstieg bis 60% über die Norm[9]. Bei Myom fand sich keine Änderung, bei Carcinom des weiblichen Genitalapparates meist eine Verminderung, die besonders stark bei rasch wachsenden Tumoren war[10].

Neben dem Esterphosphat, das gewöhnlich nicht mehr als wenige Milligrammprozent ausmacht, nur bei Kindern zuweilen bis etwa 10 mg% betragen kann, kommt Phosphor in der Blutflüssigkeit nur noch als *Lipoid*, also als Phosphatid vor[11]. Vom Gesamtphosphor

---

[1] KRAMER, TISDALL u. HOWLAND: Amer. J. Dis. Childr. **22**, 431 (1921). — HOWLAND u. KRAMER: Mschr. Kinderheilk. **25**, 279 (1923). — FREUDENBERG u. GYÖRGY: Münch. med. Wschr. **1922**, 422. — SCHEER u. SALOMON: Jb. Kinderheilk. **103**, 129 (1924).
[2] ELIAS, SPIEGEL u. WEISS: Wien. Arch. klin. Med. **2**, 447 (1921); **4**, 59 (1922).
[3] NELKEN: Z. exper. Med. **32**, 348 (1923).
[4] GREENWALD: J. of biol. Chem. **14**, 369 (1923); **61**, 649 (1924). — SALVESEN: Proc. Soc. exper. Biol. a. Med. **20**, 204 (1923) — J. of biol. Chem. **56**, 443 (1923). — WEAVER u. REED: Ebenda **85**, 281 (1929).
[5] DI GIORGIO, A. M.: Arch. di Fisiol. **25**, 195, 215, 242 — Ronas Ber. **43**, 424 f.
[6] LANDSBERGER: Klin. Wschr. **1924**, 1360.
[7] FEIGL: Biochem. Z. **81**, 380; **83**, 218 (1917).
[8] BYROM: Brit. J. exper. Path. **10**, 10 (1929).
[9] HARNES: J. of exper. Med. **50**, 109 (1929).
[10] SCHEPETINSKY u. KAFITIN: Arch. Gynäk. **136**, 379 (1929).
[11] BLOOR: J. of biol. Chem. **36**, 49 (1918). — MEIGS, BLATHERWICK u. CARY: Ebenda **37**, 1 (1919).

der *Asche* des Blutplasmas stammt bei erwachsenen Menschen die Hauptmenge (etwa zwei Drittel) aus diesem Anteil[1]. Bei Kindern ist er kleiner, bei Neugeborenen noch mehr (die Hälfte und weniger des Gesamtphosphors)[2]. Interessant ist es, daß bei Rachitis auch die Phosphatide, ebenso wie das anorganische Phosphat abnehmen[3]. Bei Schwangerschaft, besonders zur Zeit der Geburt, sind sie im Gegenteil deutlich vermehrt[2].

Über den Phosphatgehalt des *Liquor cerebrospinalis* haben Haurowitz[4], Marrack[5], Stanford und Wheatley[6], sowie Cohen, Kamner und Killian[7] Untersuchungen angestellt. Haurowitz ermittelte für den *Gesamtphosphor* 5,0 bis 5,7, im Mittel 5,5 mg% $HPO_4$, Marrack für reines anorganisches Phosphat im Mittel 4, die amerikanischen Autoren für die gleiche Größe 5 mg%. Stanford und Wheatley fanden 3,9—5,2, im Mittel 4,6 mg% anorganisches Phosphat und entsprechend 4,9 mg% $HPO_4$ Gesamtphosphor. Die Übereinstimmung ist also sehr gut und reicht zu der Schlußfolgerung hin, daß die Phosphatkonzentration im Liquor *niedriger* ist als im Blutplasma. Auch hier ist wie bei Sulfat und im Gegensatz zu Chlorid ein Unterschied zwischen künstlicher Ultrafiltration und Transsudation innerhalb des Körpers festzustellen. Bei Spasmophilie ist das Phosphat des Liquors unverändert[8].

## Kationen.

### Natrium.

Noch mehr als das Chlorid die übrigen Anionen, überwiegt das Natrium die anderen Kationen. Man kann daher ohne merklichen Fehler die Schwankungen des Natriumgehaltes solchen der *Gesamtbasen* gleichsetzen, von denen es etwa elf Zwölftel ausmacht. Gewöhnlich deckt sich die Menge des Natriums in Äquivalenten sehr genau mit der durch die Summe des Chlorids und Bicarbonats gegebenen Menge saurer Äquivalente.

Ältere Analysen am Blutserum verschiedener Tiere hatten Werte zwischen 0,31 und 0,33% Na geliefert[9]. Mit Mikromethoden fand Kramer[10] beim Menschen 0,28—0,31; Feigl[11] 0,285—0,315; Kramer und Tisdall[12] 0,32—0,35, im Mittel 0,335; Atchley, Loeb, Benedikt und Palmer[13] 0,26—0,34% Na. Denis[14] ermittelte an Hunden 0,30—0,37; an Kaninchen im Mittel 0,355; Morgulis und Bollmann[15] an Hunden 0,35; Tron[16] am Ochsen 0,33%.

Trotz gewaltiger analytischer, vor allem auch methodischer Arbeit, die im Laufe der letzten Jahre geleistet wurde, bleibt der Eindruck bestehen, daß

---

[1] Wiener, Stella: Biochem. Z. **115**, 42 (1921). — Plass u. Edna Tompkins: J. of biol. Chem. **56**, 309 (317) (1923). — György: Klin. Wschr. **1924**, 483 — Jb. Kinderheilk. **112**, 283 (1926).

[2] Plass u. Tompkins: Zitiert diese Seite, Fußnote 1.

[3] Sharpe: Biochemic. J. **16**, 486 (1922).

[4] Haurowitz: Hoppe-Seylers Z. **128**, 290 (1923).

[5] Marrack: Biochemic. J. **17**, 240 (1923).

[6] Stanford u. Wheatley: Biochemic. J. **19**, 706 (1925).

[7] Cohen, Kamner u. Killian: Trans. amer. ophthalm. Soc. **25**, 284 (1927) — Arch. of Ophthalm. **57**, 59 (1928).

[8] Nourse, Smith u. Hartman: Amer. J. Dis. Childr. **30**, 210 (1925), wo sich auch noch weitere Angaben über Normalwerte aus der Literatur finden.

[9] Abderhalden: Hoppe-Seylers Z. **25**, 106 (1898). — Bock, J.: Arch. f. exper. Path. **57**, 190 (1907).

[10] Kramer: J. of biol. Chem. **41**, 263 (1920).

[11] Feigl: Hoppe-Seylers Z. **111**, 280 (1920).

[12] Kramer u. Tisdall: J. of biol. Chem. **46**, 467 (1921); **53**, 241 (1922).

[13] Atchley, Loeb, Benedikt u. Palmer: Arch. int. Med. **31**, 606 (1923).

[14] Denis: J. of biol. Chem. **55**, 171; **56**, 473 (1923).

[15] Morgulis u. Bollmann: Amer. J. Physiol. **84**, 350 (1928).

[16] Tron: Arch. of Ophthalm. **118**, 713 (1927).

die von jeher gegebenen Schwierigkciten der Natriumbestimmung gegenüber
vielen anderen Analysenmethoden doch noch nicht so restlos überwunden sind,
daß man mit vollem Vertrauen alle mitgeteilten Zahlen in der zweiten oder gar
dritten Stelle als reell ansehen kann[1]. Gewiß kann man im ganzen sagen, daß
der Natriumgehalt bei verschiedenen Tierarten sehr ähnlich ist, und daß er etwa
um 0,14 molare Konzentration schwankt. Es scheint mir aber schwierig, auf
Grund des vorliegenden Materials mit großer Bestimmtheit im Einzelfall zu
sagen, wieviel Natrium ein Serum im Verhältnis zu den vorhandenen Säuren
enthält, und vielleicht auch schon, wie es damit im *Durchschnitt* steht. Die Frage
ist deshalb recht wichtig, weil von der exakten Bestimmung des Natriums —
wie bereits erwähnt — im wesentlichen die Berechnung der *Gesamtbasen* und
somit auch des Verhältnisses anorganischer Basen und Säuren abhängt. Dies
aber bildet wiederum die Grundlage für die Vorstellung, die man sich über den
Anteil der *Eiweißkörper* an der Absättigung des etwaigen Basenüberschusses zu
bilden hat. Der Basenüberschuß wird von verschiedenen Forschern auf 0,025
bis 0,010 Normalität geschätzt[2]; ein Unterschied des Natriums zwischen 0,30
und 0,33% entspricht aber bereits 0,013 Normalität. Die vielfach angenommene
Mittelzahl von KRAMER und TISDALL (0,335% Na) ist vielleicht doch etwas hoch,
und man tut gut, die wirkliche Mittelzahl eher in der Nähe des Wertes von
0,32% zu suchen.

Die *Schwankungen* des Natriumwertes sind natürlich sehr häufig solche
von *Natriumchlorid*, d. h. sie laufen den Chloridschwankungen parallel; doch
wäre es natürlich fehlerhaft, dies als *Gesetz* anzusehen. Gar nicht selten tritt
ja nur eine andere Verteilung der gleichen Natriummenge zwischen Chlorid und
Bicarbonat, unter pathologischen Umständen auch anorganischen Säureresten
ein. Zwischen arteriellem und venösem Blut besteht kein gesetzmäßiger Unterschied des Natriumgehaltes[3].

Daß das Natrium des Blutes ebenfalls Anpassungserscheinungen an die
Nahrung erkennen läßt, ist nicht verwunderlich: L. BLUM[4] fand Anstieg bei
vermehrter Zufuhr von Natriumchlorid oder -bicarbonat, Abfall bei Zufuhr der
entsprechenden Kaliumsalze.

Für die soeben berührte Frage der Beziehung der anorganischen Basenreste
der Blutflüssigkeit zu den Eiweißstoffen sind *unmittelbare* Untersuchungen über
diese Beziehungen von besonderem Wert. Neben den Methoden der Ultrafiltration und Kompensationsdialyse kommen hier noch Versuche hinzu, die aktuelle
Konzentration der Kationen durch potentiometrische Messungen zu bestimmen.

Im Ultrafiltrat von Schweineserum fanden NEUHAUSEN und PINCUS[5] genau
die gleiche Konzentration wie im Ausgangsserum (0,336%), während allerdings
im Rückstand eine Verminderung festgestellt wurde (0,317). Beides ist mit-
einander schwer vereinbar, so daß Endgültiges nicht geschlossen werden kann.
RONA und PETOW[6] dialysierten Blutserum bei verschiedener, doch genau bekannter Wasserstoffionenkonzentration gegen physiologische Kochsalzlösung und

---

[1] Ein charakteristisches Beispiel liefert die Arbeit der Russinnen SCHEPETINSKY und
KAFITIN [Arch. Gynäk. **136**, 379 (1929) — Ronas Ber. **52**, 65], die Natriumwerte bei Gesunden bis herab zu 0,188, bei Krebskranken bis 0,161% angeben, gleichzeitig aber für
„NaCl" Minimalwerte von 0,50 und 0,61%, also 1½mal soviel Mole Chlorid wie Natrium!!
[2] RONA u. GYÖRGY: Biochem. Z. **56**, 416 (1913). — KRAMER u. TISDALL: J. of biol.
Chem. **53**, 241 (1922). — GREENWALD u. LEWMAN: Ebenda **54**, 263 (1922).
[3] KARGER: Klin. Wschr. **1927**, 1994. — BOGENDÖRFER u. NONNENBRUCH: Dtsch. Arch.
klin. Med. **133**, 389 (1920).
[4] BLUM, L.: C. r. Soc. Biol. Paris **85**, 498 (1921).
[5] NEUHAUSEN u. PINCUS: J. of biol. Chem. **57**, 99 (1923).
[6] RONA u. PETOW: Biochem. Z. **137**, 356 (1923).

verglichen nach längerer Zeit den Natriumgehalt außen und innen: es ergab sich, daß bei Blut- und bei alkalischer Reaktion ($p_H = 7,5—10,0$) die Natriumkonzentration beiderseits *gleich* war; dagegen war bei *saurer* Reaktion der Natriumgehalt in der Außenflüssigkeit stets höher, und zwar zeigte sich dies bereits bei $p_H = 7,1$; eine deutliche Zunahme mit wachsendem Säuregrad oder ein bestimmter Einfluß der dem isoelektrischen Punkte der Eiweißkörper entsprechenden Reaktion war nicht erkennbar. Rona und Petow meinen, daß sich das Natrium in ihren Versuchen so verhalten habe, wie es die Donnansche Theorie verlangt.

Doch sind in dieser Hinsicht wohl noch nicht alle Zweifel erledigt. Eine gewisse Hilfe bietet die Überlegung, daß von dem Volumen des Serums ja immer nur 93% als reines *Wasser* anzusehen sind, und daß auch von diesem Wasser vielleicht noch ein unbekannter (intramizellarer?) Anteil für die freie Beweglichkeit der Elektrolyte ausgeschaltet ist; akzeptiert man die Vorstellung, daß auch bei der Dialyse sich das Gleichgewicht zwischen der durch das *Serumwasser* gebildeten Lösung und der kolloidfreien Außenflüssigkeit einstellt, während der durch die Eiweißkörper eingenommene Raum gewissermaßen ein inertes Gerüst darstellt, so würde ja die tatsächliche „Konzentration" der Elektrolyte im Serum *höher* sein, als die Berechnung aus der Analyse ohne weitere Korrektur ergibt[1]. Dann würde der Überschuß beim Chlorid geringer sein, als er scheint, und beim Natrium gleichzeitig ein Defizit vorliegen, wie es die Donnansche Theorie verlangt.

Neuhausen und Marshall[2] sowie W. E. Ringer[3] unternahmen es, mit Hilfe von Elektroden aus Natriumamalgam die Natriumionen quantitativ zu bestimmen; sie kamen beide zu dem Ergebnis, daß das gesamte Natrium als gewöhnliches Salz und nicht in irgendeiner Form an Eiweiß gebunden vorliegt. Wieweit diese Schlußfolgerung wirklich zwingend aus den genannten, technisch recht schwierigen Versuchen abgeleitet werden kann, muß wohl noch der Zukunft überlassen werden.

Die endgültige Feststellung der Beziehungen zwischen Natrium und Plasmaeiweiß ist also eine noch nicht erledigte Aufgabe der in den letzten Jahren so erfolgreich fortgeschrittenen Forschung über die mineralische Zusammensetzung der Blutflüssigkeit; sie bedarf dringend der Lösung.

Biologisch bedeutsam ist auch hier wieder die Tatsache, daß die übrigen Körperflüssigkeiten sich zum Blutplasma ebenso verhalten wie Dialysate, die mit ihr ins Gleichgewicht gebracht sind. Besonders schön wurde dies in Versuchen von Loeb, Atchley und Palmer[4] gezeigt, die Blut und Transsudate von demselben Patienten zugleich entnahmen und nach Abtrennung der Blutkörperchen unter allen Vorsichtsmaßregeln das erhaltene Serum in vitro mit dem Transsudat in Dialysegleichgewicht brachten. Die Analysen der ursprünglichen und dialysierten Flüssigkeiten zeigten übereinstimmend, daß im Transsudat zwar *Chlorid* in höherer, Natrium jedoch etwa in gleicher Konzentration vorhanden war wie im Serum. Weston und Howard[5] fanden in der Cerebrospinalflüssigkeit (von Geisteskranken) 0,33; Marrack[6] 0,30—0,34% Na, Cohen, Kamner und Killian[7] (am Rinde) 0,34, also ebenfalls den gleichen Bereich, wie er für die Blutflüssigkeit gilt. Im Kammerwasser bestimmten die letztgenannten Autoren 0,32, in der Glaskörperflüssigkeit 0,30% Na.

---

[1] Vgl. die gleiche Argumentation bei Rona u. Petow: S. 360. Zitiert auf S. 27, Fußnote 6.

[2] Neuhausen u. Marshall: J. of biol. Chem. **53**, 365 (1922).

[3] Ringer, W. E.: Hoppe-Seylers Z. **130**, 270 (1923). — Vgl. auch Michaelis u. Kawai: Biochem. Z. **163**, 1 (1925).

[4] Loeb. Atchley u. Palmer: J. gen. Labor. **4**, 591 (1922). — Vgl. auch Pincus u. Kramer: J. of biol. Chem. **57**, 463 (1923).

[5] Weston u. Howard: Arch. of Neur. **8**, 179 (1922).

[6] Marrack: Biochemic. J. **17**, 240 (1923). — Vgl. auch Blum, Delaville u. van Caulaert: C. r. Soc. Biol. Paris **93**, 692—704 (1925).

[7] Cohen, Kamner u. Killian: Zitiert auf S. 26, Fußnote 7.

Bei krankhaften Affektionen wird das Natrium des Blutes zuweilen ebenfalls in Mitleidenschaft gezogen. Bei *Nephritis* fand MARRACK[1] gelegentlich sehr niedrige (bis 0,27% Na), DENIS und HOBSON[2] sowie wie BLUMGARTEN und ROHDENBURG[3] etwas erhöhte Werte; interessant ist MARRACKS Beobachtung, daß der Gehalt des Natriums (und Chlorid!) in der Spinalflüssigkeit beträchtlich ansteigen kann, ohne daß dies im Blut der Fall ist.

Bei *Tetanie* erhielten TISDALL, KRAMER und HOWLAND[4] normale Natriumwerte im Blut der Säuglinge (0,33%).

Bei pankreasdiabetischen Hunden veränderte sich nach TAKEUCHI[5] der Natriumgehalt der Blutflüssigkeit nicht, stieg jedoch unter Insulininjektion an, ebenso im Serum der Brustganglymphe (was mit Beobachtungen von STAUB, GÜNTHER und FRÖHLICH[6] am *Gesamtblut* übereinstimmt). In Versuchen von MOZAI, AKIYA, INADA und KAWASHIMA[7] war Insulin am gesunden Menschen ohne Einfluß, während Adrenalin und Pituitrin eine Erhöhung, Pilocarpin oft — doch nicht regelmäßig — eine Senkung des Natriumwertes bewirkten.

## Kalium.

Der Kaliumgehalt des Blutplasmas liegt nahe bei 20 mg%, also bei 0,005 normaler Konzentration, während die Schwankungsbreite bei Mensch und Tier auf etwa 15—24 mg% angesetzt werden darf[8]. Seine Menge variiert nach L. BLUM[9] prinzipiell in gleicher Weise wie die des Natriums, d. h. sie steigt durch Kaliumzufuhr an und sinkt bei reichlicher Natriumzufuhr. Auch WILKINS und KRAMER[10] fanden nach innerlichen Gaben von 2—15 g Chlorkalium Anstieg der Blutwerte beim Menschen auf 25—35 mg% K. Hierher gehört zweifellos der gleichartige Effekt einer Fütterung mit Fleischextrakt an Hunden[11]. Calciumzufuhr ist nahezu ohne Einfluß auf das Kalium der Blutflüssigkeit[12], während Epithelkörperchenextrakt es senken soll[13]. Über die Art der Bindung des Kaliums hat RONA mit PETOW, HAUROWITZ und WITTKOWER[14] wichtige Untersuchungen angestellt. Sie führten in summa zu der Überzeugung, daß bei normaler Reaktion das *gesamte* Kalium der Blutflüssigkeit *frei diffusibel* ist, wenn auch gewisse

---

[1] MARRACK: Zitiert auf S. 28, Fußnote 6.

[2] DENIS u. HOBSON: J. of biol. Chem. **55**, 183 (1923).

[3] BLUMGARTEN u. ROHDENBURG: Arch. int. Med. **39**, 372 (1927).

[4] TISDALL, KRAMER u. HOWLAND: Proc. Soc. exper. Biol. a. Med. **18**, 252 (1921).

[5] TAKEUCHI: Tohoku J. exper. Med. **11**, 327. 568 (1928). — Vgl. auch HARROP u. BENEDICT: J. of biol. Chem. **59**, 683 (1924).

[6] STAUB, GÜNTHER u. FRÖHLICH: Klin. Wschr. **1923**, 2337.

[7] MOZAI, AKIYA, INADA u. KAWASHIMA: Proc. imp. Acad. Tokyo **3**, 106, 109, 111, 113 (1927) — Ronas Ber. **41**, 752f.

[8] Vgl. HEUBNER: Mineralstoffwechsel, in Dietrich-Kaminers Handb. d. Balneol. **2**, 187. — Ferner KRAMER u. TISDALL: J. of biol. Chem. **46**, 339 (1921); **53**, 241 (1922). — TISDALL, KRAMER u. HOWLAND: Proc. Soc. exper. Biol. a. Med. **18**, 252 (1921). — MYERS u. SHORT: J. of biol. Chem. **48**, 83 (1921). — WESTON u. HOWARD: Arch. of Neur. **8**, 179 (1922). — OELMER, PAYAN u. BERTHIER: C. r. Soc. Biol. Paris **87**, 867 (1922). — ATCHLEY, LOEB, BENEDICT u. PALMER: Arch. int. Med. **31**, 606 (1923). — DENIS: J. of biol. Chem. **56**, 473 (1928). — KRAMER u. WILKENS: Arch. int. Med. **31**, 96 (1923). — DENIS u. HOBSON: J. of biol. Chem. **55**, 183 (1923). — SALVESEN u. LINDER: Ebenda **58**, 617 (1924). — DE WESSELOW: Lancet **1924** I, 1099. — NORN: Bibl. Laeg. (dän.) **117**, 372 (1925 (nach Ronas Ber. **36**, 347). — KYLIN u. MYHRMAN: Dtsch. Arch. klin. Med. **149**, 354 (1925). — KISCH: Klin. Wschr. **1926**, 1555. — BREMS: Acta med. scand. (Stockh.) **66**, 473 (1927). — TÓMASSON: Biochem. Z. **195**, 475 (1928). — SPIRO: Z. klin. Med. **110**, 58 (1929).

[9] BLUM, L.: C. r. Soc. Biol. Paris **85**, 498 (1921).

[10] WILKINS u. KRAMER: Arch. int. Med. **31**, 916 (1923).

[11] MESSINEVA, NINA: Ronas Ber. **48**, 404 (1928).

[12] WEBER u. KRANE: Hoppe-Seylers Z. **163**, 134 (1927).

[13] CONDORELLI: Ronas Ber. **43**, 423 (1928).

[14] RONA u. Mitarbeiter: Biochem. Z. **137**, 356 (1923); **149**, 393; **150**, 468 (1924).

Beobachtungen bei saurer und alkalischer Reaktion darauf zu deuten schienen, daß das Kalium unter besonderen Umständen Verbindungen eingehen kann, die es hindern, rein physikalisch den Diffusions- und elektrostatischen Kräften (nach Donnan) zu folgen. Die Versuche von Neuhausen und Pincus[1] mit Ultrafiltration ergaben innerhalb der Fehlergrenzen *gleiche* Werte für Kalium in Serum, Ultrafiltrat und Rückstand[2].

Muskelarbeit (z. B. Strychninvergiftung, Dauerlauf) bewirkt *Anstieg* des Blutkaliums[3], Hunger hat keinen Einfluß[4]. Vor der Menstruation soll der Kaliumwert (innerhalb der normalen Grenzen) etwas ansteigen, um in der Menstruation abzusinken[5], doch ist diese Angabe nicht unbestritten[6].

Insulininjektion bewirkt gewöhnlich Absinken des Kaliumwertes[7], ebenso Synthalin[8]; in einem Fall von diabetischem Koma sahen Staub, Günther, Fröhlich einen Anstieg[9]. Thyreoidektomie an Hunden hatte Verminderung des Kaliumwertes (am 4. bis 7. Tage) zur Folge, ebenso die Injektion von Pituitrin[10], Adrenalin, Atropin[11, 12], Cholin[11] oder Digitalisglykosiden[13]. Die Wirkung von Pilocarpin ist umstritten[6−8]. An Hunden im anaphylaktischen Shock[14] ist ebenso wie nach Histamininjektion[15] der Kaliumgehalt des Blutes erheblich vermehrt, während an Kaninchen Peptoninjektionen zur Senkung führten[16]. Röntgenbestrahlung führt nach Kroetz[17] zu Kaliumvermehrung. Bei Nierenerkrankungen wurde zuweilen eine Steigerung festgestellt[18], die jedoch in anderen Fällen und von anderen Autoren vermißt wurde[19]. Bei experimentell erzeugter Urämie steigt der Kaliumwert des Blutes stark an[20], ebenso nach Harnstoffbelastung bei künstlicher Niereninsuffizienz[21].

Bei Insuffizienz des Kreislaufs ist das Kalium des Blutes ebenfalls erhöht und steigt bei mäßiger Arbeit leicht an[22], während sich bei guter Kompensation normale Verhältnisse finden. Geringe Erhöhungen fand Brems bei essentieller Hypertonie und Asthma bronchiale[23], Paul Spiro[24] bei vegetativen Neurosen und Arthritiden.

---

[1] Neuhausen u. Pincus: J. of biol. Chem. **53**, 365 (1922).

[2] Die Befunde von Depisch und M. Richter-Quittner [Wien. Arch. klin. Med. **5**, 321 — Biochem. Z. **133**, 417 (1923)] erscheinen durchaus unglaubwürdig.

[3] Harrop u. Ethel Benedict: Proc. Soc. exper. Biol. a. Med. **20**, 430 (1922). — Schenk: Münch. med. Wschr. **1925**, 2050—2100. — Zagami: Arch. di Sci. biol. **11**, 301 (1928) — Ronas Ber. **48**, 401.

[4] Morgulis u. Bollmann: Zitiert auf S. 26, Fußnote 15.

[5] Spiegler: Arch. Gynäk. **134**, 322 (1928). — Tómasson: Biochem. Z. **195**, 475 (1928).

[6] Guillaumin u. Vignes: C. r. Soc. Biol. Paris **99**, 753 (1928).

[7] Harrop u. Benedict: Zitiert auf S. 29, Fußnote 5 — J. of biol. Chem. **59**, 683 (1924). — Takeuchi: Tohoku J. exper. Med. **11**, 327 (1928. — Kerr: J. of biol. Chem. **78**, 35 (1928). — Häusler u. Heesch: Pflügers Arch. **210**, 545 (1925).

[8] Matavulj u. Chahovitch: C. r. Soc. Biol. Paris **97**, 1307 (1927).

[9] Staub, Günther u. Fröhlich: Klin. Wschr. **1923**, 2337.

[10] Mozai, Akiya, Inada u. Kawashima: Ronas Ber. **41**, 752 (1927).

[11] Gresel u. Katz: Klin. Wschr. **1922**, 1601.

[12] Zamorani: Riv. Clin. pediatr. **26**, 288 (1928).

[13] Ginzburg: Arch. f. exper. Path. **128**, 126 (1928).

[14] Schittenhelm, Erhardt u. Warnak: Z. exper. Med. **58**, 662 (1928).

[15] Kuschinsky: Z. exper. Med. **64**, 563 (1929).

[16] Chahovitch u. Vichnijtsch: C. r. Soc. Biol. Paris **99**, 1264 (1928).

[17] Kroetz: Biochem. Z. **151**, 449 (1924).

[18] Payan, Olmer, u. Berthier: C. r. Soc. Biol. **87**, 867 (1922); **89**, 330 (1923) — Wilkins u. Kramer: Arch. int. Med. **31**, 916 (1923).

[19] Z. B. Myers u. Short: J. of biol. Chem. **48**, 83 (1921).

[20] Hartwich u. Hessel: Klin. Wschr. **1928**, 67.

[21] Mark u. Kohl-Egger: Zbl. inn. Med. **48**, 578 (1927).

[22] Kisch: Klin. Wschr. **1926**, 1555.

[23] Brems: Acta med. scand. (Stockh.) **66**, 473 (1927).

[24] Spiro, Paul: Z. klin. Med. **110**, 58 (1929).

Selbstverständlich ist es, daß bei dem hohen Gehalt der Blutzellen an Kalium jede Hämolyse den Kaliumgehalt der Blutflüssigkeit steigert[1].

Bei Säuglingstetanie fanden TISDALL, KRAMER und HOWLAND[2] mäßige Vermehrung des Kaliums (von 19,5 im Mittel auf 24,9 mg% K), was zu der obenerwähnten gegensätzlichen Wirkung des Nebenschilddrüsenextraktes stimmen würde (vgl. S. 29). NOURSE, SMITH und HARTMAN[3] konnten jedoch ausschließlich für Calcium gesetzmäßige Abweichungen feststellen, also *nicht* für Kalium.

In den Körperflüssigkeiten wurden zuweilen etwas *geringere* Kaliumwerte aufgefunden als im Blutserum, so in Trans- und Exsudaten von LOEB, ATCHLEY und PALMER[4], im Liquor von OLMER, PAYAN und BERTHIER[5], GHERARDINI[6] sowie LEULIER, VELLUZ und GRIFFON[7] (mit 12 mg%).

## Calcium.

Calcium besitzt gegenüber den übrigen lebenswichtigen Kationen den Vorsprung, daß es bequemeren, früher ausgearbeiteten und wohl auch heute noch zuverlässigeren analytischen Methoden zugänglich ist. Freilich ist auch hier nicht zu vernachlässigen, daß vor allem die modernen Mikromethoden in der Hand verschiedener Untersucher nicht stets *genau* übereinstimmende Zahlen liefern. An Tierblut hat es sich in eigenen darauf gerichteten Untersuchungen oft gezeigt, daß die Ausfällung aus der unveraschten Blutflüssigkeit nebst Titration des erhaltenen Oxalats zu hohe Werte liefert, und zwar — wie es scheint — in einem gewissen Zusammenhang mit der Ernährungsweise der Tiere. Methodische Vorschläge finden sich in der Literatur in sehr großer Zahl; erwähnt seien Bemerkungen von SCHIMMELPFENG[8], von MIKO und PALA[9] sowie KLINKE[10], die gegenüber der Methode von KRAMER und TISDALL zugunsten der von DE WAARD sprechen. Auch E. P. CLARK und COLLIP[11] gaben eine vielgeübte Abänderung des Verfahrens an. Niemals wird freilich auszuschalten sein, daß außer der angewandten Methode auch die Hand von Bedeutung ist, die sie ausführt.

Als feststehend kann angesehen werden, daß die Konzentration des Calciums in der Blutflüssigkeit unter normalen Bedingungen für den Menschen und eine Reihe anderer Tierarten sehr konstant ist, besonders für das Individuum, aber auch für die Tierart. Bei einer Anzahl von Tierarten stimmt auch der Durchschnittswert sehr genau mit dem des Menschen[12] überein und liegt bei 10 bis


[1] KAUFTHEIL u. KISCH: Klin. Wschr. **1927**, 1328.

[2] TISDALL, KRAMER u. HOWLAND: Proc. Soc. exper. Biol. a. Med. **18**, 252 (1921). — Vgl. auch WILKINS u. KRAMER: Arch. int. Med. **31**, 916 (1923).

[3] NOURSE, SMITH u. HARTMAN: Amer. J. Dis. Childr. **30**, 210 (1925).

[4] LOEB, ATCHLEY u. PALMER: J. gen. Labor. **4**, 591 (1922). — Vgl. dagegen CHERARDINI: Fol. clin. chim. et microsc. (Bologna) **3**, 303 (1927).

[5] OLMER, PAYAN u. BERTHIER: C. r. Soc. Biol. Paris **87**, 867 (1922).

[6] GHERARDINI: Fol. clin. chim. et microsc. (Bologna) **2**, 303 (1927).

[7] LEULIER, VELLUZ u. GRIFFON: C. r. Soc. Biol. Paris **99**, 1748 (1928).

[8] SCHIMMELPFENG: Biochem. Z. **183**, 42 (1927).

[9] MIKO u. PALA: Arch. f. exper. Path. **119**, 273 (1927).

[10] KLINKE: Erg. Physiol. **26**, 266 (1928).

[11] CLARK, E. P. u. COLLIP: J. of biol. Chem. **63**, 461 (1925).

[12] Vgl. HEUBNER: Mineralstoffwechsel, in Dietrich-Kaminers Handb. d. Balneol. **2**, 189. — MAZZOCCO: C. r. Soc. Biol. Paris **85**, 690 (1921). — LEICHER: Dtsch. Arch. klin. Med. **141**, 85 (1922). — ROE u. KAHN: J. Labor. a. clin. Med. **8**, 762 (1928). — BREMS: Acta med. scand. (Stockh.) **66**, 473 (1927). — LONGO: Boll. Soc. Biol. sper. **3**, 112 (1928). — SPIRO: Z. klin. Med. **110**, 58 (1929). — v. BÉRENCZY: Klin. Wschr. **9**, 1213 (1930).

11 mg% Ca, so bei Rindern[1], Schafen[2], Hunden[3], Katzen[4], Ratten[5]. Die Schwankungsbreite bei verschiedenen Individuen kann wohl zwischen 9 und 13 mg% Ca noch als normal angesehen werden. Bei kleineren Pflanzenfressern besteht offenbar die Tendenz zu höheren Werten, auch zu größeren individuellen Schwankungen. Für Kaninchen schwanken die Angaben zwischen 10 und 20 mit Mittelwerten bis 16 mg[6], für Meerschweinchen zwischen 10 und 16 mg% Ca[7]. Wade H. Brown[8] fand mit seinen Mitarbeitern bei 68 Kaninchen im Laufe von 4—8 Monaten Werte zwischen 14,1 und 17,3 mg% Ca, die sich um das Mittel 15,7 nach Art einer Binomialkurve verteilten. Mehrfach bestätigt ist eine freilich geringfügige Abhängigkeit des Calciumwertes vom Lebensalter, insofern er von der Fetalzeit an, wenn auch äußerst langsam und wenig absinkt. Nach systematischen Untersuchungen von Leicher[9] an 60 Fällen beträgt der Calciumgehalt des menschlichen Blutserums vom 1. Vierteljahr bis zum 20. Lebensjahr 11,1—12,0 (im Mittel 11,6), bis zum 35. Jahre 11,1—11,8 (Mittel 11,5), vom 35. bis 45. Jahre 11,0—11,6 (Mittel 11,4), in der zweiten Hälfte des 5. Jahrzehnts 10,8—11,5 (Mittel 11,1) und oberhalb des 55. Jahres 10,6—11,2 (Mittel 10,8) mg% Ca. Kylin[10] bezeichnet als normale Grenzen vom 6. bis zum 40. Jahre 10,8—12,0 mg%, später 10,6—11,5. Weitere Bestätigungen brachten Greisheimer, Johnson und Ryan[11]. An Meerschweinchen, Kaninchen, Katzen und Hunden fand Cahane[12] die gleiche Erscheinung der Altersverminderung des Blutcalciums.

Die *Jahreszeit* ist ebenfalls von einem gewissen Einfluß auf diese Größe, und zwar, wie es scheint, bei Kindern, Kaninchen und Ratten ziemlich übereinstimmend in dem Sinne, daß zum Frühjahr hin eine *Senkung* eintritt[13].

Änderungen der Ernährungsweise wirken im allgemeinen beim Gesunden auf den Calciumwert der Blutflüssigkeit nicht ein[14]. Ebenso ist die innerliche Zufuhr von Calciumdosen meist ohne merklichen Einfluß. Am Menschen wurde

---

[1] Kramer u. Tisdall: J. of biol. Chem. **53**, 241 (1922). — Bonnier, Jorpes u. Sköld: Z. Tierzüchtg **13**, 343 (1929).

[2] Kramer u. Tisdall: J. of biol. Chem. **53**, 241 (1922). — Derevici: C. r. Soc. Biol. Paris **100**, 925 (1929).

[3] v. Meysenbug u. McCann: J. of biol. Chem. **47**, ·541 (1921). — Cruickshank: Biochemic. J. **17**, 13 (1923) — Brit. J. exper. Path. **4**, 213 (1923). — Morgulis u. Bollmann: Amer. J. Physiol. **84**, 350 (1928). — Derevici: C. r. Soc. Biol. Paris **100**, 925 (1929).

[4] Heubner u. Rona: Biochem. Z. **93**, 187 (1919); **135**, 248, 255 (1923).

[5] Kramer u. Howland: Bull. Hopkins Hosp. **33**, 313 (1922).

[6] Denis: J. of biol. Chem. **56**, 473 (1923). — Harnes: J. of exper. Med. **48**, 549 (1928); **49**, 287, 859 (1929). — Derevici: Zitiert diese Seite, Fußnote 2.

[7] Genck, Grete, u. Blühdorn: Jb. Kinderheilk. **102**, 83 (1923). — Palladin u. Ssaradon: Biochem. Z. **153**, 86 (1924). — Randoin u. Michaux: C. r. Soc. Biol. Paris **100**, 11 (1929). — Derevici: Zitiert diese Seite, Fußnote 2.

[8] Brown, Wade H.: The Harvey lectures (New York) **24**, 106 (1930).

[9] Vgl. Heubner: Mineralstoffwechsel, in Dietrich-Kaminers Handb. d. Balneol. **2**, 189. — Mazzocco: C. r. Soc. Biol. Paris **85**, 690 (1921). — Leicher: Dtsch. Arch. klin. Med. **141**, 85 (1922).

[10] Kylin: Zbl. inn. Med. **45**, 471 (1924) — Z. exper. Med. **43**, 47 (1924).

[11] Greisheimer, Johnson u. Ryan: Amer. J. med. Sci. **177**, 704 (1929).

[12] Cahane: C. r. Soc. Biol. Paris **96**, 1168 (1927). — Vgl. auch Frei u. Emmerson: Biochem. Z. **226**, 355 (1930).

[13] Bakwin, H., u. R. M.: Amer. J. Dis. Childr. **34**, 994 (1927). — Harnes: Zitiert diese Seite, Fußnote 6. — Cameron u. Williamson, Cameron u. Turner: Trans. roy. Soc. Canada biol. Sci. **21**, 139 (1927); **22**, 135 (1928). — Brown: Zitiert diese Seite, Fußnote 8.

[14] Katzenellenbogen, Maria: Jb. Kinderheilk. **8**, 187 (1913). — Halverson u. Bergeim: J. of biol. Chem. **32**, 171 (1917). — Clark: Ebenda **43**, 89 (1920) (Kaninchen). — Meigs, Blatherwick u. Cary: Ebenda **37**, 1 (1919) (Rind). — Bilinova: Ronas Ber. **48**, 404 (1928) (Hund).

diese Tatsache in systematischen Untersuchungen von Denis und Minot[1] sicher-
gestellt und vielfach bestätigt; gleiches ergab sich in zahlreichen Tierversuchen[2].
Nur unter extremen Bedingungen, z. B. Einnahme von 30 g wasserfreien Chlor-
calciums beim Erwachsenen (0,1 g Ca je kg) oder 4 g beim Säugling ist ein
leichter Anstieg festzustellen[3]. (Jansen[4] nahm Analysen des *Gesamtblutes* vor,
die im allgemeinen ja auch das Calcium der Blut*flüssigkeit* widerspiegeln, wenn
das auch beim heutigen Stand unserer Kenntnisse wohl nicht ganz ohne Vorbehalt angenommen werden kann; bei einem Menschen im allgemeinen Stoff-
wechsel- und Calciumgleichgewicht fand er durch Extragaben von 1,2 g Ca im
Laufe eines Tages keinen Einfluß auf den Blutkalk, wenn die innerliche Zufuhr
in Form des Chlorids oder Lactats erfolgte, dagegen eine entschiedene Steigerung
[um etwa 35%] nach Calciumbicarbonat, eine geringere nach dem Acetat oder
Sulfat, unsichere Ergebnisse nach Bromid und Biphosphat.) 25 g wasserfreies
Magnesiumchlorid erwiesen sich ohne Einfluß auf den Calciumwert, ebenso große
Mengen Natriumbicarbonat (bis 90 g in 50 Stunden), während Chlorammonium,
Atmung kohlensäurehaltiger Luft, aber auch stundenlang fortgesetzte angestrengte
Atmung in gewöhnlicher Luft zu leicht erhöhten Calciumwerten führten (Ste-
wart und Haldane[3]). Nach Rohmer und Woringer[5] ändert die Zufuhr von
(primärem) Natriumphosphat bei gesunden Säuglingen in Dosen bis zu 10 g des
wasserfreien Salzes den Calciumgehalt des Serums nicht.

*Hunger* führte (bei Kaninchen) im Laufe von etwa 10 Tagen zum *Absinken* des Wertes[6]. Gleiches wurde, wenn auch erst in späteren Stadien (3 Tage
nach vorherigem Anstieg), auch mit anderen zeitlichen Intervallen, in prinzipiell
analoger Weise für Hunde und Katzen bestätigt[7]. Muskelarbeit pflegt keine
konstante und merkliche Änderung des Blutkalkes hervorzubringen[8]. Dagegen
tritt bei Strychninvergiftung, und zwar nur während der Krämpfe, ein deutlicher Anstieg ein[9].

Zahlreiche Untersuchungen haben sich mit dem Verhalten dieser Größe
während der Schwangerschaft und der damit zusammenhängenden Funktionen
des weiblichen Körpers beschäftigt, da die lange bekannten erheblichen Abgaben
von Calcium an den Fetus und Säugling die Aufmerksamkeit darauf lenken
mußten. Während der *Menstruation* neigen die Calciumwerte zum Anstieg,
erreichen aber nur selten übernormale Werte[10]. In der *Schwangerschaft* stellt
sich nur während der letzten zwei Monate eine recht geringfügige Senkung des
Calciumwertes ein, die jedoch in die Schwankungsbreite der individuellen Ver-
schiedenheiten fällt, und daher nur im Durchschnitt zahlreicher Analysen oder
bei der Verfolgung einer einzelnen Frau erkennbar wird. Nach der Niederkunft
erfolgt wieder ein langsamer Anstieg. In den allerletzten Tagen vor der Nieder-

---

[1] Denis u. Minot: J. of biol. Chem. **41**, 357 (1920).

[2] Z. B. Salvesen, Hastings u. McIntosh: J. of biol. Chem. **60**, 327 (1924) (Hunde).

[3] Stewart, C. P., u. J. S. Haldane: Biochemic. J. **18**, 855 (1924). — Blühdorn:
Mschr. Kinderheilk. **24**, 548 (1924).

[4] Jansen: Klin. Wschr. **1924**, 715 — Dtsch. Arch. klin. Med. **145**, 209 (1924).

[5] Rohmer u. Woringer: C. r. Soc. Biol. Paris **89**, 575 (1923).

[6] Goto: J. of biol. Chem. **1**, 321 (1922).

[7] Morgulis u. Bollman, Morgulis u. Perley: Amer. J. Physiol. **84**, 350 (1928);
**89**, 213 (1929). — Meglitzky: Z. ges. exper. Med. **55**, 13 (1927). — Schazillo u. Konstanti-
nowskaja: Biochem. Z. **201**, 318 (1928).

[8] Ewig u. Wiener: Z. exper. Med. **61**, 562 (1928). — Fedorov: Med.-biol. Z. (russ.)
**4**, 84 (1928) — Ronas Ber. **48**, 793. — Blinova u. Savališina: Ronas Ber. **49**, 763. — Cac-
curi: Giorn. Batter. **4**, 314 (1929).

[9] v. Mikó u. Pala: Arch. f. exper. Path. **119**, 273 (1927).

[10] Kylin: Z. exper. Med. **43**, 47 (1924). — Frei u. Emmerson: Biochem. Z. **226**,
355 (1930).

kunft scheint eine leichte, vorübergehende Erhöhung das sonst etwas niedrigere Niveau zu unterbrechen. Pathologische Störungen der Schwangerschaft lassen die Senkung in den letzten Monaten zuweilen weniger, zuweilen deutlicher hervortreten[1]. (Am *Gesamtblut* hatte schon Kehrer[2] die Senkung des Calciumwertes in der letzten Graviditäts- und ersten Wochenbettperiode festgestellt. Nach Therese Malamud und D. Mazzocco[3] ist das Calcium des Gesamtblutes nach der Menopause etwas niedriger als vorher.) Bogert und Plass[4] ermittelten, daß im Augenblick der Geburt das mütterliche Blutserum stets geringeren Calciumgehalt aufweist als das Kind; ihre Mittelzahlen waren 9,1 und 10,9 mg% Ca. K. Hellmuth[5] sowie Sserdjukoff und Morosowa[6] bestätigten diese Angabe[7]; Hellmuth fand in seinen Fällen für

| Mutter . . . | 10,0 | 9,4 | 9,6 | 10,3 | 9,2 | 10,3 |
| Kind . . . . | 12,1 | 12,1 | 12,0 | 13,2 | 12,7 | 12,0 |

(Hess und Matzner[8] fanden dagegen in Schwangerschaft, Wochenbett und im Nabelschnurblut gleiche Werte).

Ovarialextrakt erzielt bei Frauen[9] und Kaninchen[10] Senkung des Serumgehaltes, Kastration an Frauen[11], Kaninchen, Meerschweinchen und Schafen[12] das Gegenteil. Aber auch viele andere Hormone wirken auf die Konzentration des Calciums in der Blutflüssigkeit ein, in überragendem Ausmaße die Epithelkörperchen. Seit W. G. MacCallum und Voegtlin[13] die gesetzmäßige und erhebliche Erniedrigung des Serumkalkes nach Exstirpation der Nebenschilddrüsen entdeckt hatten, ist dieser Befund wiederholt bestätigt[14] und durch Collip[15] und viele Nachuntersucher[16] dahin ergänzt worden, daß die Injektion wirksamer Extraktstoffe dieser Drüsen (besonders bei Hunden) ebenso aber auch Überproduktion im menschlichen Körper (bei Adenomen u. dgl.[17]) den Calciumwert gewaltig in

---

[1] Mazzocco u. Moron: C. r. Soc. Biol. Paris **85**, 692 (1921). — de Wesselow, O. L. V.: Lancet **203**, 227 (1922). — Krebs u. Briggs: Amer. J. Obstetr. **5**, 67 (1923). — Plass u. Bogert: Ebenda **6**, 427 (1923). — Widdows, Sibyl, T.: Biochemic. J. **17**, 34 (1923); **18**, 555 (1924). — Stander, Duncan u. Sisson: Bull. Hopkins Hosp. **36**, 411 (1925). — Hétenyi u. Liebmann: Med. Klin. **1925**, 51. — Bock: Klin. Wschr. **6**, 1090 (1927). — Sserdjukoff u. Morosowa: Mschr. Geburtsh. **78**, 237 (1928).

[2] Kehrer: Arch. Gynäk. **112**, 487 (1919).

[3] Malamud, Th., u. D. Mazzocco: C. r. Soc. Biol. Paris **88**, 396 (1923).

[4] Bogert u. Plass: J. of biol. Chem. **56**, 297 (1923).

[5] Hellmuth, K.: Klin. Wschr. **1925**, 454.

[6] Sserdjukoff u. Morosowa: Zitiert diese Seite, Fußnote 1.

[7] Vgl. ferner Frei u. Emmerson: Biochem. Z. **226**, 355 (1930). — Krane: Z. Geburtsh. **97**, 22 (1930).

[8] Hess u. Matzner: Proc. Soc. exper. Biol. a. Med. **20**, 75 (1922).

[9] Mirvish u. Bosman: Quart. J. exper. Physiol. **18**, 11 (1927).

[10] Reiss, M., u. Marx: Endokrinol. **1**, 181 (1928). — Frei u. Emmerson: Zitiert diese Seite, Fußnote 7.

[11] Nishimura: Fol. endocrin. jap. **4**, 73 (1928).

[12] Werner: C. r. Soc. Biol. Paris **100**, 49 (1929).

[13] MacCallum, W. G., u. Voegtlin: Zbl. Grenzgeb. Med. u. Chir. **11**, 209 — Proc. Soc. exper. Biol. a. Med. **5**, 84 (1908) — J. of exper. Med. **11**, 118 (1909).

[14] Vgl. Heubner: Mineralstoffwechsel, in Dietrich-Kaminers Handb. d. Balneol. **2**, 190. — Tweedy u. Chandler: Amer. J. Physiol. **88**, 754 (1929).

[15] Collip: J. of biol. Chem. **63**, 395, 439; **66**, 133 (1925) — Ann. clin. Med. **4**, 219 (1925) — Canad. med. Assoc. J. **15**, 59 (1925).

[16] Bermann: Proc. Soc. exper. Biol. a. Med. **21**, 465 (1923). — Greenwald: J. of biol. Chem. **66**, 217; **67**, XXXV (1926). — Davisson: Canad. med. Assoc. J. **15**, 803 (1925). — Lisser u. Shepardson: Endocrinology **9**, 383 (1925). — Moritz: J. of biol. Chem. **66**, 343 (1925). — Looney: Ebenda **67**, 37 (1926). — Zimmermann: Klin. Wschr. **6**, 726 (1927). — Thölldte: Krkh.forschg **6**, 397 (1928). — Hopkins u. Snyder: Proc. Soc. exper. Biol. a. Med. **25**, 264 (1928). — Stewart u. Percival: Quart. J. Med. **20**, 349 (1924).

[17] Barker, L. F.: Endocrinology **6**, 591 (1922). — de Wesselow: Quart. J. Med. **16**, 341 (1923). — Snapper: Dtsch. Kongr. inn. Med. **1930**.

die Höhe treibt, selbst bis zur Entstehung eines charakteristischen, lebensgefährlichen Krankheitsbildes. An Pflanzenfressern ist die Bedeutung der Epithelkörperchensubstanz für die Höhe des Serumkalks geringer[1].

Die Nebennierenrinde scheint auf das Calcium des Blutes einen entgegengesetzten Einfluß zu üben wie die Nebenschilddrüse, d. h. Exstirpation vermehrt[2] und Injektion von Extrakt vermindert es[3]. Nach BROUGHER[4] verhält sich auch Insulin wie ein Antagonist, der Nebenschilddrüsensubstanz. Wechselnde Befunde wurden mit Schilddrüsen- oder Thymussubstanz oder -exstirpation erzielt. Für calciumtreibend halten die Schilddrüse z. B. NISHIMURA[5] und TRIFON[6], die Thymus ebenfalls NISHIMURA, während das Umgekehrte für die Schilddrüse MOXIM und VASILIU[7] sowie VINES[2], für die Thymus NITSCHKE[8] meinen. Splenektomie hat nach MEGLITZKY[9] Abfall, nach NISHIMURA Anstieg des Blutkalks zur Folge. Extrakt von Tränendrüsen soll zweiphasig Absinken und folgenden Anstieg bewirken[10]. Bestrahlungen scheinen meist zu Anstieg des Calciums zu führen[11].

GLASER[12] fand die sehr interessante Tatsache, daß durch *psychische* Erregungen der Calciumwert des Blutserums etwas erhöht, durch Beruhigung (Hypnose) gesenkt wird. Die Schwankungen betragen dabei bis zu 3,5 mg% Ca. Nach KRETSCHMER und KRÜGER[13] gilt dies allerdings nur bei bereits vorher abnormen Calciumwerten (von Vagotonikern). Bei der Einwirkung von Narcoticis der Fettreihe, seltener von Morphin fand CLOETTA mit THOMANN und BRAUCHLI[14] (an Hunden) Erniedrigung des Calciums. Durchschneiden des Splanchnicus unterhalb des Zwerchfells bewirkt nach HESS, BERG und SHERMAN[15] eine Senkung des Serumkalks (ohne tetanoide Symptome), während Rückenmarksdurchschneidung eher (nicht konstant) zu einem Anstieg führt. LEITES[16] sowie URECHIA und POPOVICIU[17] kamen im ganzen zu gleichsinnigen Ergebnissen.

## Zustand des Calciums im Blute.

Das Calcium der Blutflüssigkeit findet sich in verschiedenen *Formen*, und hierdurch unterscheidet sich dieser interessante Basenbildner von den einwertigen. In mindestens *drei* verschiedene Zustandsformen muß man die Gesamtmenge des Calciums zerlegen, und zwar aus folgenden Gründen: Durch Dialyse sowie Ultrafiltration wird ein diffusibler Anteil von einem nicht diffusiblen abgetrennt;

---

[1] Vgl. u. a. auch BOTSCHKAREFF u. DANILOVA: C. r. Acad. Sci. Paris **189**, 304 (1929). WERNER: C. r. Soc. Biol. Paris **100**, 926 (1929).

[2] VINES: Endocrinology **11**, 290 (1927).

[3] TAYLOR u. CAVEN: Amer. J. Physiol. **81**, 511 (1927). — ROGOFF u. STEWART: Ebenda **86**, 20 (1928).

[4] BROUGHER: Amer. J. Physiol. **80**, 411 (1927).

[5] NISHIMURA: Fol. endocrin. jap. **4**, 73 (1928).

[6] TRIFON: C. r. Soc. Biol. Paris **101**, 233 (1929).

[7] MAXIM u. VASILIU: Biochem. Z. **197**, 237 — Z. exper. Med. **61**, 707 (1928).

[8] NITSCHKE: Z. exper. Med. **65**, 637 (1929).

[9] MEGLITZKY: Z. exper. Med. **55**, 13 (1927).

[10] MICHAIL u. VANCEA: C. r. Soc. Biol. Paris **99**, 1812 (1928).

[11] Vgl. z. B. ROTHMANN: Klin. Wschr. **1923**, 1751. — ESSINGER u. GYÖRGY: Biochem. Z. **149**, 344 (1924). — KROETZ: Ebenda **151**, 449 (1924).

[12] GLASER: Klin. Wschr. **1924**, 1492.

[13] KRETSCHMER u. KRÜGER: Klin. Wschr. **1927**, 695.

[14] CLÖETTA, THOMANN u. BRAUCHLI: Arch. f. exper. Path. **103**, 260 (1924); **111**, 254 (1926).

[15] HESS, BERG u. SHERMAN: J. of biol. Chem. **74**, XXVII (1927) — J. of exper. Med. **47**, 115 (1928).

[16] LEITES: Ronas Ber. **41**, 235 (1927).

[17] URECHIA u. POPOVICIU: C. r. Soc. Biol. Paris **98**, 1486 (1928).

von dem diffusiblen Anteil ist wiederum nur die kleinere Hälfte als Kation, die größere in elektrisch neutraler Form (partiell wohl auch in Anionen) vorhanden. Die zahlenmäßige Verteilung ist etwa die folgende: mindestens ein Drittel (4—5 mg%) ist kolloidal; von dem krystalloiden Anteil ist etwa ein Drittel (2 mg%, also rund ein Sechstel des Gesamtcalciums) positiv geladen; nahezu die Hälfte des Serumcalciums (4—5 mg%) ist also krystalloid, aber nicht Ion. Mit dieser ersten Aufteilung ist freilich keineswegs gesagt, daß die beiden Fraktionen des kolloidalen und krystalloiden, doch nicht ionalen Anteils in sich einheitlicher Natur wären. Die gesamten Ergebnisse über das kolloidale Calcium wurden gewonnen durch *Kompensationsdialyse*, wie sie zuerst durch Rona und Takahashi[1] angewandt wurde[2]; ferner durch Ultrafiltration, die sowohl die Verminderung im Filtrat wie die Vermehrung im Filterrückstand lieferte[3].

Die beiden primär nicht ionisierten Formen des Calciums, also sowohl der krystalloide wie der kolloide Anteil, sind freilich nicht *fest* verankert (wie es ja bei der stark basischen Natur des Calciumhydroxyds auch schwer denkbar wäre); vielmehr genügen geringfügige Verschiebungen des Gleichgewichts, um das *gesamte* Calcium in Calciumionen überzuführen. Bei der Kompensationsdialyse sucht man das Blutserum durch eine Dialysiermembran mit einer Salzlösung in Berührung zu bringen, deren Calciumgehalt dem diffusiblen Anteil des Blutserums gerade die Waage hält; wendet man statt dessen die gewöhnliche Dialyse gegen calciumfreies Wasser an, so erweist sich das *gesamte* Calcium als diffusibel. Oder fällt man durch Überschuß von Oxalat die primär vorhandenen Calciumionen aus, so wird rasch (nahezu) der gesamte Rest des Calciums ebenfalls ionisiert und ausgefällt[4]. (Nach Vines[5] sollte im *Plasma* ein Drittel des Calciums nicht ionisierbar sein, sondern es erst durch die Gerinnung werden; demgegenüber untersuchten z. B. Stewart und Percival[6] das diffusible Calcium im Serum und Plasma mittels gewöhnlicher und Vividialyse an Katzenblut und fanden beide Werte übereinstimmend; da im Plasma jedoch der Gehalt an *Gesamt*calcium stets etwas höher ist, so glauben sie, daß bei der Gerinnung ein *nicht* diffusibler Anteil des Calciums aus der Lösung entfernt wird.)

Seit diesen ersten grundsätzlichen Feststellungen über die komplizierte Natur des Calciums der Blutflüssigkeit ist eine außerordentlich große Summe von Arbeit und Scharfsinn aufgewandt worden, um zu einer möglichst exakten Erkenntnis und Beschreibung des Zustandes oder der Zustände des Calciums in der Blutflüssigkeit zu gelangen. Die Beziehungen dieses Mineralstoffes zu den Prozessen der Verknöcherung und pathologischen Verkalkung machten dies besonders erwünscht. Im Vordergrunde der theoretischen Diskussionen stand dabei vielfach die Alternative, ob das Blutplasma an Calcium (mit den zugehörigen Anionen) übersättigt sei oder ob seine Lösungsgenossen, vor allem *organischer* Natur, es in komplexer Bindung fassen und daher den einfachen Gleichgewichtsbedingungen entziehen, wie sie die in Betracht kommenden anorganischen Anionen *allein* bewirken würden. Der augenblickliche Stand der Erörterungen auf Grund des heute bekannten Tatsachenmaterials scheint mehr für die *zweite* Annahme und gegen eine eigentliche Übersättigung zu sprechen.

---

[1] Rona u. Takahashi: Biochem. Z. **31**, 336 (1911); **49**, 370 (1913).

[2] Rona, Haurowitz u. Petow: Biochem. Z. **149**, 393, 397 (1924).

[3] Cushny: J. of Physiol. **53**, 391 (1920). — Neuhausen u. Pincus: J. of biol. Chem. **57**, 99 (1923).

[4] de Waard: Nederl. Tijdschr. Geneesk. **1918 II**, 992 — Malys Jahresberichte der Tierchemie **1918**, 87.

[5] Vines: J. of Physiol. **55**, 86 (1921).

[6] Stewart u. Percival: Amer. J. med. Sci. **177**, 704 (1929).

Die erste, dringendste und entscheidende Frage, deren Lösung auf diesem Erscheinungsgebiete notwendig war, ist die nach der *Menge* des ionisierten Calciums. Sie enthält manche äußerst komplizierten Probleme und hat zwei Jahrzehnte lang die Forscher beschäftigt. Zuerst waren es auch hier RONA und TAKAHASHI[1], die grundsätzlich wichtige Überlegungen anstellten und Beobachtungsmaterial lieferten. Sie faßten die Tatsache der gleichzeitigen Gegenwart von Calcium und Carbonat bei neutraler Reaktion quantitativ schärfer ins Auge, leiteten aus den Dissoziationsgleichungen für die Kohlensäure und dem Löslichkeitsprodukt des Calciumcarbonats

$$\frac{[H^{\cdot}]\cdot[HCO_3']}{H_2CO_3} = K_1, \qquad \frac{[H^{\cdot}]\cdot[CO_3'']}{[HCO_3']} = K_2, \qquad [Ca^{\cdot\cdot}]\cdot[CO_3''] = K_3$$

die Formel ab, die die Abhängigkeit der Calciumionenzahl von der Konzentration an Bicarbonat- und Wasserstoffionen angibt

$$\frac{[Ca^{\cdot\cdot}]\cdot[HCO_3']}{[H^{\cdot}]} = K_4 = \frac{K_3}{K_2}$$

und bestimmten die Konstante $K_4$ durch Analyse einer Reihe von einfachen Kombinationen der Bildner dieser Ionen. Die von ihnen gefundene Zahl 350 (für 18°) wurde später durch KUGELMASS und SHOHL[2] für 38° zu 133 errechnet. Die Zahl von RONA ist nach KLINKE[3] ein Maximalwert, weil bei der Bestimmung des Bicarbonatwertes durch Titration infolge Verschiebung des Gleichgewichts ein zu hoher Wert herauskommt. Bei der Übertragung auf das Plasma kommt hinzu, daß der Einfluß des *Phosphats* außer Betrachtung bleibt, ebenso (nach heutiger Ausdrucksweise) die *Aktivität* der Ionen. Trotzdem ist auch die Bestimmung des absolut zu hohen Wertes für die Calciumionen von höchstem Interesse, weil schon dieser Wert nach RONA und TAKAHASHI nur einen *Bruchteil* des gesamten diffusiblen Calciums ausmacht, nämlich bei der Wasserstoffzahl des normalen Blutes $2-2\frac{1}{2}$ mg% Ca. Auch andere Bemühungen, durch noch direktere Ermittlungen etwas über die Menge des dissoziierten Calciums zu erfahren, führten zu der gleichen Größe: so die Bestimmungen von BRINKMAN und VAN DAM[4] über die erste Trübung bei vorsichtigem, allmählichem Zusatz von Oxalat sowohl in einem künstlichen, der Blutflüssigkeit nachgebildeten Salzgemisch, wie im Ultrafiltrat menschlichen Blutserums selbst; ferner die elektrometrischen Messungen von NEUHAUSEN und MARSHALL[5] mit Amalgamelektroden. Auch diese Methode liefert Maximalwerte, die mehr oder weniger über den wahren Werten liegen müssen: denn dabei stören die vorhandenen Alkaliionen stets im Sinne einer Erhöhung der abgelesenen Zahlen.

In den Messungen von CORTEN[6] wurde die Amalgamelektrode vermieden und statt dessen eine Elektrode dritter Art mit der Schaltung $HgZn \mid ZnC_2O_4 \mid CaC_2O_4 \mid Ca^{\cdot\cdot}$ verwendet; auch dabei wurde der Wert von 2 mg% $Ca^{\cdot\cdot}$ als Mittel für menschliche Sera gefunden. Doch erscheint es in dieser Versuchsreihe merkwürdig, daß bei der Prüfung von gerinnendem Plasma während der Gerinnung ein Abfall bis auf 0,5, selbst 0,2 mg% $Ca^{\cdot\cdot}$ beobachtet wurde, also auf viel geringere Werte, als für Serum angegeben ist. Hier liegt ein Widerspruch vor, dessen Aufklärung geboten scheint, ehe die Befunde CORTENS zu bestimmten Schlußfolgerungen verwandt werden.

[1] RONA u. TAKAHASHI: Zitiert auf S. 36, Fußnote 1.
[2] KUGELMASS u. SHOHL: J. of biol. Chem. **58**, 649 (1924).
[3] KLINKE: Erg. Physiol. **26**, 235, 240 (1928).
[4] BRINKMAN u. VAN DAM: Versl. Akad. Wetensch. Amsterd., Wisk. en natuurkd. Afd. **28**, 417 (1920).
[5] NEUHAUSEN u. MARSHALL: J. of biol. Chem. **53**, 365 (1922).
[6] CORTEN, Zbl. Path. **44**, 144 (1928). — CORTEN u. ESTERMANN: Z. physik. Chem. **136**, 228 (1928).

Alle bisherigen Experimentalbefunde stimmen also darin überein, daß die Menge der Calciumionen in der Blutflüssigkeit nicht mehr als etwa 2 mg% Ca entspricht.

Wie diese Menge mit den nichtdissoziierten Anteilen des Calciums und den sonstigen Lösungsgenossen im Gleichgewicht steht, ist jedoch heute noch zum größten Teil problematisch[1]. Einen Fortschritt gegenüber Rona hat man zu erzielen gesucht durch Berücksichtigung des *Phosphats* neben dem Carbonat.

Die von György[2] empfohlene Formulierung

$$[\text{Ca}^{\cdot\cdot}] = f\left\{\frac{[\text{H}^{\cdot}]}{[\text{HCO}_3'] \cdot [\text{HPO}_4'']}\right.$$

sagt nicht mehr aus, als daß eben eine Berücksichtigung zu erfolgen hat, und daß Erhöhung der Phosphationen im Sinne einer Zurückdrängung der Calciumionen wirken muß. Nach der unten für $K_{11}$ angeführten Formel erkennt man, daß die Funktion $f$ gleich der Quadratwurzel sein muß. Die Formulierungen von Ottilie Budde und Freudenberg[3] sowie von Behrendt[4] sind bereits von Holló[5] und Klinke[6] zurückgewiesen worden; ebenso hat Klinke die notwendige Kritik an den Behauptungen von Nitschke[7] geübt.

Richtig abgeleitete Formulierungen für die aus dem Massenwirkungsgesetz folgenden Beziehungen zwischen den Calcium-, Wasserstoff-, Carbonat- und Phosphationen haben Kugelmass und Shohl[8] aufgestellt. Sie fügten den oben angeführten Gleichungen (S. 37) eine weitere Reihe hinzu, von denen folgende wiedergegeben seien:

$$\frac{[\text{H}^{\cdot}] \cdot [\text{HPO}_4'']}{[\text{H}_2\text{PO}_4']} = K_5 \,,$$

$$\frac{[\text{H}^{\cdot}] \cdot [\text{PO}_4''']}{[\text{HPO}_4'']} = K_6 \,,$$

$$\frac{[\text{H}_2\text{CO}_3] \cdot [\text{HPO}_4'']}{[\text{HCO}_3'] \cdot [\text{H}_2\text{PO}_4']} = K_7 = \frac{K_5}{K_1} \,,$$

$$\frac{[\text{Ca}^{\cdot\cdot}]^2 \cdot [\text{HCO}_3']^2 \cdot [\text{HPO}_4'']}{[\text{H}^{\cdot}] \cdot [\text{H}_2\text{PO}_4']} = K_8 = (K_4)^2 \cdot K_5 \,,$$

$$[\text{Ca}^{\cdot\cdot}]^3 \cdot [\text{PO}_4''']^2 = K_9 \,,$$

$$[\text{Ca}^{\cdot\cdot}] \cdot [\text{HPO}_4''] = K_{10} \,,$$

$$\frac{[\text{Ca}^{\cdot\cdot}]^2 \cdot [\text{HCO}_3'] \cdot [\text{HPO}_4'']}{[\text{H}^{\cdot}]} = K_{11} = K_4 \cdot K_{10} \,,$$

$$\frac{[\text{Ca}^{\cdot\cdot}]^5 \cdot [\text{HCO}_3']^2 \cdot [\text{CO}_3''] \cdot [\text{HPO}_4''] \cdot [\text{PO}_4''']}{[\text{H}^{\cdot}]} = K_{12} = K_3 \cdot K_6 \cdot (K_{11})^2 \,.$$

Alle diese Entwicklungen haben zur Voraussetzung die *idealen* Verhältnisse, die den Grundannahmen entsprechen, von denen die allgemeine Gültigkeit des Massenwirkungsgesetzes abgeleitet ist, also unendliche Verdünnung aller in Beziehung gesetzten Massenteilchen oder wenigstens Verhältnisse, die sonstige Kräfte, z. B. zwischen diesen Teilchen und dem Lösungsmittel oder zwischen ihnen und anderen Lösungsgenossen ausschließen. Davon ist ja aber natürlich schon in Modellösungen, geschweige denn in der Blutflüssigkeit keine Rede und

<hr>

[1] Eine ausführliche Darstellung des Standes dieser Probleme mit vollständigem Literaturverzeichnis hat Klinke gegeben, dem hier im wesentlichen gefolgt ist: Erg. Physiol. **26**, 235 (1928).

[2] György: Klin. Wschr. **1922**, 1399 — Jb. Kinderheilk. **102**, 145 (1923) — vgl. auch Handbuch der normalen und pathol. Physiologie **16 II**, S. 1597.

[3] Budde, Ottilie u. Freudenberg: Z. exper. Med. **42**, 284 (1924).

[4] Behrendt: Biochem. Z. **144**, 72 (1924).

[5] Holló: Biochem. Z. **150**, 496 (1924).        [6] Klinke: Zitiert Fußnote 1.

[7] Nitschke: Biochem. Z. **165**, 229 (1925); **174**, 287 (1926).

[8] Kugelmass u. Shohl: J. of biol. Chem. **58**, 649 (1924).

daher können diese Formeln nur dem Zwecke dienen, die verwickelten Abhängigkeiten schon unter *vereinfachenden* Annahmen ins rechte Licht zu stellen.

Die Einführung der *Löslichkeitsprodukte* bei der Betrachtung der im Blutplasma vorliegenden Verhältnisse ist natürlich erforderlich, wo schwer lösliche Salze in Frage kommen und die Möglichkeit einer Übersättigung ins Auge gefaßt werden muß. Wichtig ist in dieser Beziehung, daß bei Gegenwart von *zwei* Salzen des gleichen Kations im Bodenkörper die Konzentration *beider* zugehöriger Anionen durch *eines* von ihnen bestimmt ist[1]. Denn bei Division der 3. Potenz von $K_3$ durch $K_9$ z. B. erhält man die Beziehung $\dfrac{[CO_3'']^3}{[PO_4''']^2}$ konstant. Ferner ist die schon lange bekannte Tatsache wichtig, daß bei der Ausscheidung von Calciumphosphat aus Lösungen sich (rasch oder langsamer) *tertiäres* Salz bildet, auch wenn nur oder im wesentlichen sekundäres Salz in Lösung ist[2]. Unter Verwendung einer von HOLT, LA MER und CHOWN[3] aufgestellten Formel kann man also schreiben:

$$3\,Ca^{\cdot\cdot} + 2\,HPO_4'' + 2\,HCO_3' \rightleftharpoons 2\,H_2O + 2\,CO_2 + Ca_3\,(PO_4)_2\,.$$

Wenn man von der theoretischen Betrachtung des idealen Falles (z. B. der unendlich verdünnten Lösung) absieht und von dieser Grundlage aus die speziell realisierten Verhältnisse exakter zu beschreiben sucht, so hat man neben den von den Salzionen gegenseitig aufeinander ausgeübten elektrischen Kräften alle übrigen Kräfte zu berücksichtigen, die von ihnen und auf sie ausgeübt werden; denn die „Wirkung der Masse" wird ja durch sie mitbestimmt und gegenüber der idealen Annahme modifiziert. Als Träger dieser Kräfte kommen sowohl die Teilchen des Lösungsmittels (z. B. Wasser) wie die anderer Lösungsgenossen in Frage. In ausgesprochenem Maße sind diese zusätzlichen Kräfte von der Entfernung der Massenteilchen und damit von ihrer Konzentration in der Lösung abhängig. „Aktivität" ist der Ausdruck für das Ausmaß der zwischen den Ionen wirksamen Kräfte, das unter dem Einfluß dieser modifizierenden sonstigen Kräfte resultiert.

Anknüpfend an die Arbeiten von BJERRUM, LEWIS und RANDALL, DEBYE und HÜCKEL und andere haben HOLT, LA MER und CHOWN[3] sowie HASTINGS, MURRAY und SENDROY[4] diese schwierigen Probleme für die Calciumsalze der Blutflüssigkeit behandelt; in deutscher Sprache hat KLINKE[5] die wesentlichsten Gedankengänge und Ableitungen wiedergegeben, die hier nur abgekürzt wiederholt werden sollen.

Als „aktive Masse" ($a$) bezeichnet man diejenige Konzentration eines Ions, die sich aus der Messung seiner elektrischen Kräfte ergibt und die in den gewöhnlichen Lösungen *kleiner* zu sein pflegt als die nach der Analyse anzunehmende Konzentration ($c$). Der „Aktivitätskoeffizient" ($f$) drückt das Verhältnis dieser beiden Konzentrationen aus: $f = \dfrac{a}{c}$. Die Abhängigkeiten dieses Koeffizienten werden in absoluten Einheiten ausgedrückt durch die Formel

$$\ln f = - \frac{\varepsilon^2 \cdot z^2}{2\,DKT} \cdot \frac{\varkappa}{1 + \varkappa \cdot \alpha}\,.$$

---

[1] HOLLÓ: Zitiert auf S. 38. — KLINKE: a. a. O. S. 241, 247. Zitiert auf S. 38.

[2] RINDELL: Untersuchungen über die Löslichkeit einiger Kalkphosphate. Helsingfors 1899. — Vgl. auch HELLWIG: Z. Biol. **73**, 281 (1921). — WENDT u. CLARK: J. Amer. chem. Soc. **45**, 882 (1923).

[3] HOLT, LA MER u. CHOWN: J. of biol. Chem. **64**, 509, 567, 579 (1925).

[4] HASTINGS, MURRAY u. SENDROY: J. of biol. Chem. **71**, 723, 783, 797 (1926/27).

[5] KLINKE: S. 247ff. Zitiert auf S. 38, Fußnote 1.

Der rechtsstehende negative Ausdruck entspricht also dem natürlichen Logarithmus des Aktivitätskoeffizienten; er enthält außer der Boltzmannschen Konstanten $K$ (dem Quotienten der Lohschmidtschen Zahl $N$ durch die Gaskonstante $R$) die absolute Temperatur $T$, die Dielektrizitätskonstante des Mediums (Wasser) $D$, die elektrische Elementarladung $\varepsilon$, ferner die charakteristischen Größen der Ionen, nämlich die Wertigkeit $z$ und den mittleren Ionendurchmesser $a$, endlich die Größe $\varkappa$, durch die der *Abstand* der Ionen, also die Konzentration der Lösung eingeführt wird. Freilich besteht auch hier eine kompliziertere Abhängigkeit, insofern $\varkappa = \sqrt{\dfrac{4\,\pi\cdot N\cdot\varepsilon^2}{D\cdot K\cdot T}\cdot\dfrac{1}{1000}}\cdot\sqrt{I}$ ist; der physikalische Sinn dieser Größe ist durch ihren reziproken Wert $\dfrac{1}{\varkappa}$ gegeben, der diejenige *Länge* angibt, auf der Potential und Ladungsdichte des Ions auf den $e$ten Teil abfallen; $e$ ist dabei die Basis der natürlichen Logarithmen. In der Formel für $\varkappa$ bedeutet $N$ wieder die Lohschmidtsche Zahl, $\Gamma$ die „ionale Konzentration"; diese ist die Summe der Produkte aus der Konzentration (in Mol je Liter) $\gamma$ und dem Quadrat der jeweiligen Wertigkeit für alle einzelnen Ionenarten der Lösung:

$$\Gamma = \sum\left(\gamma_1\cdot z_1^2 + \gamma_2\cdot z_2^2 + \gamma_3\cdot z_3^2 + \cdots\right).$$

Statt $\Gamma$ ist für die ionale Konzentration von anderen Autoren (Lewis und Randall[1]) auch der Wert $\mu$ gebraucht worden, der die Hälfte der gleichen Summe darstellt mit der geringfügigen Abänderung, daß $\gamma$ nicht als Mol in Liter Lösung, sondern Mol auf ein Kilo Wasser ausgedrückt ist.

Es ist wichtig, aus diesen Ableitungen der Physiker zu ersehen, daß die „Aktivität", also die allein zur *Auswirkung* gelangende Konzentration eines Ions von Konzentration und Wertigkeit aller übrigen in der Lösung vorhandenen Ionen $(\gamma\cdot z^2)$ abhängt.

Geht man von der Formulierung der Aktivität eines *Ions* über zu dem für ein *Salz* geltenden Ausdruck, so gelangt man durch Umformung und Vereinfachung nach Brönstedt und la Mer schließlich zu folgender Formel für den Geltungsbereich bis zu $\mu = 0,01$ herauf: $-\ln f_{\text{(Salz)}} = \alpha' z_1 z_2\cdot\sqrt{\mu}$. Darin bedeutet $z_1$ und $z_2$ die Wertigkeit der beiden das Salz bildenden Ionenarten, $\mu$ wiederum die „ionale Konzentration", $\alpha'$ eine Konstante vom Werte 0,5. Bei höheren Konzentrationen sind jedoch weitere Korrektionsglieder erforderlich.

Nach Hückel[2] ist ein allgemeinerer Ausdruck

$$-\ln f_{\text{(Salz)}} = \frac{B z_1\cdot z_2\cdot\sqrt{\Gamma}}{1 + A\sqrt{\Gamma}} + C\sqrt{\Gamma},$$

wo $A$, $B$ und $C$ Konstanten bedeuten; auch hier kann das Korrektionsglied $C\sqrt{\Gamma}$ bei geringeren Konzentrationen vernachlässigt werden.

Diese theoretischen Ableitungen haben wiederum in erster Linie *begrifflichen* Wert, insofern sie die komplizierten Abhängigkeiten, die in der Blutflüssigkeit in Betracht kommen, in etwas bestimmter formulierten Ausdrücken aufzufassen erlauben. Wichtiger ist die Anwendung des Aktivitätsbegriffes auf die einfachen Löslichkeitsprodukte, weil dabei schon heute zahlenmäßige Berechnungen erfolgen können, die über die Größe der Erhöhung der Löslichkeit der schwer löslichen Salze Aufschluß geben. Statt der Formeln des Massenwirkungsgesetzes $\dfrac{[\text{Ca}^{\cdot\cdot}]\cdot[\text{CO}_3'']}{[\text{CaCO}_3]} = K_0$ oder $[\text{Ca}^{\cdot\cdot}]\cdot[\text{CO}_3''] = K_3$ usw. wird ge-

[1] Lewis u. Randall: J. Amer. chem. Soc. **43**, 1112 (1921). — Vgl. E. Hückel: Erg. exakt. Naturwiss. **3**, 247ff. (1924). — Holt, la Mer u. Chown: J. of biol. Chem. **64**, 532 (1925). — Hastings, Murray u. Sendroy: Ebenda **71**, 727 (1926).
[2] Hückel: Physik. Z. **26**, 93 (1925).

setzt $\dfrac{f[\mathrm{Ca}^{..}] \cdot f[\mathrm{CO}_3'']}{f[\mathrm{CaCO}_3]} = K_0'$ und $f[\mathrm{Ca}^{..}] \cdot f[\mathrm{CO}_3''] = K_3'$ usw. Die Umformung — unter erlaubten vereinfachenden Annahmen — liefert für die Löslichkeitsprodukte stets Werte, die erheblich *größer* sind, als sie aus der Erforschung der „idealen" Lösungen ohne Berücksichtigung der Aktivitäten bisher ermittelt wurde. Der negative Logarithmus $p$ der Konstanten für die Löslichkeitsprodukte der aktiven Massen enthält stets eine *Differenz* zwischen der stöchiometrisch ermittelten Zahl (für das Löslichkeitsprodukt) und einem Korrektionsglied, das eine größere Zahl als 1 darstellt; die Konstante selbst ist also um eine bis mehrere Dezimalen *größer* als die stöchiometrisch ermittelte. Ob die bis heute ermittelten Zahlen als *endgültig* bezeichnet werden können, mag dabei vielleicht noch offen bleiben; restlose Übereinstimmung scheint bei verschiedenen Forschern noch nicht zu bestehen.

HASTINGS, MURRAY und SENDROY[1] geben für 38° und die ionale Konzentration der biologischen Flüssigkeiten ($\mu = 0,16$; $\sqrt{\mu} = 0,4$) folgende Aktivitätskoeffizienten $f$ an (wobei laut Definition die stöchiometrische Konzentration in „idealer" Lösung als 1 gesetzt ist): für $\mathrm{CaCO}_3 = 0,25$; für $\mathrm{Ca}^{..} = 0,27$; für $\mathrm{CO}_3'' = 0,23$; für $\mathrm{HCO}_3' = 0,63$.

Für die negativen Logarithmen ($p$) der Löslichkeitsprodukte ($K_\mathfrak{L}'$) finden sie unter gleichen Bedingungen

$$\text{für } \mathrm{CaCO}_3 : 8,58 - 1,14 = 7,44$$

$$\text{für } \mathrm{Ca}_3(\mathrm{PO}_4)_2 : 30,95 - 4,37 = 26,58.$$

Die allgemeineren Formeln für die Abhängigkeit des $pK_\mathfrak{L}'$ von $\mu$ lauten nach den genannten Autoren:

$$pK_{\mathfrak{L}\,(\mathrm{CaCO}_3)}' = 8,58 - \frac{4,94\sqrt{\mu}}{1 + 1,85\sqrt{\mu}} \quad (38°),$$

$$pK_{\mathfrak{L}\,(\mathrm{Ca}_3(\mathrm{PO}_4)_2)}' = 30,95 - \frac{17,40\sqrt{\mu}}{1 + 1,48\sqrt{\mu}} \quad (38°).$$

Die Zahl 8,58 für das Löslichkeitsprodukt von $\mathrm{CaCO}_3$ bei der Konzentration $\mu = 0$ wurde dabei durch Extrapolation gewonnen; nach LANDOLT-BÖRNSTEIN[2] wurden für das Löslichkeitsprodukt von $\mathrm{CaCO}_3$ früher die Werte $0,93 \cdot 10^{-8}$ für 20° und $0,81 \cdot 10^{-8}$ für 30° gefunden; $p = 8,58$ entspricht $0,26 \cdot 10^{-8}$ (für 38°). — Bei der Berechnung der Zahl 30,95 für das Löslichkeitsprodukt des Phosphats wurde analog verfahren (dabei eine Abweichung von dem nach HOLT, LA MER und CHOWN[3] erhaltenen Werte von 31,32 durch eine notwendige Korrektur begründet).

Die übrigen zu den Berechnungen erforderlichen Zahlenwerte wurden durch Herstellung und Analyse genau bekannter Modellösungen (mit Bodenkörpern) in verschiedener Zusammensetzung gefunden.

Zur Berücksichtigung der Wasserstoffzahl des Blutes sind natürlich noch die Dissoziationskonstanten der Säuren in der gleichen physikalisch-chemischen Form erforderlich; sie wurden berechnet (stets 38°)[4]:

für die erste Dissoziationskonstante der Kohlensäure als $pK_1' = 6,33 - 0,5\sqrt{\mu}$

„ „ zweite „ „ „ „ $pK_2' = 10,22 - 1,1\sqrt{\mu}$

„ „ erste „ „ Phosphorsäure „ $pk_1' = 2,11 - 0,5\sqrt{\mu}$

„ „ zweite „ „ „ „ $pk_2' = 7,15 - 1,25\sqrt{\mu}$

„ „ dritte „ „ „ „ $pk_3' = 12,66 - 2,25\sqrt{\mu}$

---

[1] HASTINGS, MURRAY u. SENDROY: J. of biol. Chem. **71**, 745, 749, 799, 804, 808ff. (1926/27).

[2] LANDOLT-BÖRNSTEIN: Physikal.-chem. Tabellen, 5. Aufl., **2**, 1183 (1923).

[3] HOLT, LA MER u. CHOWN: J. of biol. Chem. **64**, 567, 570 (1925).

[4] Vgl. dazu auch HASTINGS u. SENDROY: J. of biol. Chem. **65**, 445 (1925).

Die Ionen $CO_3''$ und $PO_4'''$ berechnen sich unter Einsatz der *Gesamtkonzentration* an Carbonat oder Phosphat ($\sum$), der Wasserstoffzahl und der Dissoziationskonstanten folgendermaßen:

$$[CO_3''] = \frac{\sum_{\text{Carb.}} \cdot K_1' \cdot K_2'}{(fH)^2 + (fH) + K_1' + K_1' \cdot K_2'},$$

$$[PO_4'''] = \frac{\sum_{\text{Phosph.}} \cdot k_1' \cdot k_2' \cdot k_3'}{f(H)^3 + k_1' \cdot (fH)^2 + k_1' \cdot k_2' \cdot (fH) + k_1' \cdot k_2' \cdot k_3'}.$$

Unter Benutzung dieser Daten gelangt man für die in der Blutflüssigkeit durch die *anorganischen* Bestandteile bedingten Verhältnisse zu einer Größe von 2,0 (aus $CaCO_3$) oder 0,6 mg % [aus $Ca_3(PO_4)_2$] ionisierten Calciums[1]. Man kann also sagen, daß eine Erklärung für die Existenz des ionisierten Anteils neben $HCO_3'$ und $HPO_3''$ in der gegebenen Menge aus der Berücksichtigung der Aktivitäten *sehr knapp* geliefert würde, wenn man die Annahme einer Übersättigung ausschließen will, daß aber eine Erklärung für die großen Mengen *nicht*geladenen Calciums neben den Ionen keinesfalls vorliegt. Überdies hat Klinke[1] darauf aufmerksam gemacht, daß die *Gleichgewichtsbedingung*, die bei Sättigung einer Lösung an *zwei* Anionen desselben Kations gefordert ist (vgl. oben S. 39), nämlich

$$\frac{[PO_4''']^2}{[CO_3'']^3} = \frac{K_{\mathfrak{L}\,(Ca_3(PO_4)_2)}'}{[K_{\mathfrak{L}\,(CaCO_3)}']^3}$$

im Serum nicht zutrifft; denn der negative Logarithmus der linken Seite dieser Gleichung beträgt etwa 2,8; der der rechten etwa 4,3. Daher kann die Blutflüssigkeit mindestens nicht an *beiden* Salzen übersättigt sein. Daß tatsächlich für das Carbonat keine Übersättigung besteht, scheint allgemein anerkannt zu sein, weil Schütteln des Serums mit dem sekundären Salz nicht zur Ausscheidung von Calcium führt[2].

Freilich ist diese Auffassung, die Klinke noch in anderer Weise (experimentell) gestützt hat, nicht für alle überzeugend. Insonderheit Kleinmann[2] hat sich stark dafür eingesetzt, daß in der Blutflüssigkeit mindestens Calciumphosphat in übersättigtem Zustand enthalten ist. Sein Hauptargument ist die Verminderung der Calciummenge sowohl im Serum wie in einer künstlichen Salzlösung durch Schütteln mit festem Calciumphosphat. Doch sind seine Argumentationen nicht sehr überzeugend, da nicht sicher zu erweisen ist, daß in solchen Versuchen die Ausfällung des Calciums in Serum und Salzlösung wirklich dem gleichen Mechanismus folgt, überdies nicht zu bezweifeln ist, daß bei den dem Blute nachgebildeten Mengenverhältnissen absolut Übersättigung besteht. Nur Übersättigung an den salzbildenden *Ionen*, also im streng physikalisch-chemischen Sinne, ist strittig.

Bis heute kann die Frage noch nicht als geklärt angesehen werden, in welcher Weise die relativ große Menge nichtionisierten Calciums in der Blutflüssigkeit gelöst gehalten wird. Äußerst wahrscheinlich sind jedoch *komplexe Bindungen*, die ja sehr leicht sowohl durch diffusible, wie nichtdiffusible Verbindungen bewirkt sein können, also für die beiden nichtionisierten Formen des Calciums in gleicher Weise in Betracht kommen dürften. Sie würden mit der Tatsache einer raschen Verschiebung des Gleichgewichts nach dem ionisierten Calcium hin (durch Dialyse, Ausfällung usw.) durchaus im Einklang sein.

Eine der wichtigsten Tatsachen, die für eine Komplexbindung des Calciums sprechen, ist sein partielles *Wandern* zur *Anode* bei der Elektrodialyse, die Bernhard und Beaver[3] fanden. Ottilie Budde und Freudenberg[4] haben bei

[1] Vgl. Klinke: Erg. Physiol. **26**, 261 (1928). — Vgl. auch E. Warburg: Biochem. Z. **178**, 208 (1926).

[2] Hastings, Murray u. Sendroy: S. 762. Zitiert auf S. 41/43. — Mond u. Netter: Pflügers Arch. **212**, 565 (1926). — Kleinmann: Biochem. Z. **196**, 98 (1928).

[3] Bernhard u. Beaver: J. of biol. Chem. **69**, 113 (1926).

[4] Budde, O. u. Freudenberg: Z. exper. Med. **42**, 284 (1924) — Klin. Wschr. **1924**, 232.

Prüfung der Oxalatfällung des Calciums in künstlichen Gemischen ermittelt, daß stickstoffhaltige Substanzen die Ausfällung erschweren; HASTINGS, MURRAY und SENDROY[1] sahen bei Zusatz von Natriumzitratlösung zu Calciumcarbonat eine beträchtlich größere Menge des Salzes in Lösung gehen als bei entsprechender ionaler Konzentration, wenn diese durch Natriumchlorid herbeigeführt wurde. KLINKE[2] fand Entsprechendes bei Zusatz von cholsaurem Natrium für das Carbonat und das Phosphat des Calciums. Weiter hat er durch Vergleich der Ausschüttelung von Serum mit Calciumphosphat einerseits[3] und anderen schwer löslichen Pulvern andererseits den Nachweis zu bringen gesucht, daß alle positiv geladenen Adsorbentien Calcium niederreißen, und hält seine Ergebnisse ebenfalls für ein Argument zugunsten einer im Serum vorhandenen Komplexverbindung, die Calcium enthält und negativ geladen ist[4]. Doch konnten diese Ergebnisse von KLEINMANN[5] nicht reproduziert werden und wurden daher in ihrer Beweiskraft bezweifelt.

Auch andere Versuche KLINKES werden als Beweismittel von KLEINMANN nicht anerkannt: KLINKE glaubte die Theorie einer *Übersättigung* des Serums an Calciumsalzen dadurch prüfen zu können, daß er es *frieren* ließ und vorher und nachher auf Calcium analysierte; sowohl er wie KLEINMANN fanden übereinstimmend, daß dabei *kein* Verlust an Calcium eintritt. Während aber KLINKE meint, daß Salz in übersättigter Lösung beim Erstarren der Lösung auskrystallisieren müsse und beim Auftauen nicht wieder in Lösung gehen könne, hält KLEINMANN eine Hemmung der Krystallbildung durch die Gegenwart von Eiweiß auch unter diesen Bedingungen für möglich. Es dürfte bei dem heutigen Stand unseres Wissens fast eine Frage der wissenschaftlichen „Weltanschauung" sein, ob man diese Hemmung als Argument für eine „komplexe Bindung" ansehen will. Ich glaube, daß die Auffassung von KLINKE berechtigt ist. Befunde von MOND und NETTER[6] sowie HOLT, LA MER und CHOWN[7], die im Sinne einer Übersättigung gedeutet wurden, sind von KLINKE[8] kritisch behandelt worden. Es handelt sich bei dieser Kritik vor allem um Betonung des Umstandes, daß das Schütteln des Serums mit Calciumphosphat zur Ausscheidung von Calcium *ohne* die äquivalente Menge Phosphat führt sowie um die Deutung der Löslichkeits- und Leitfähigkeitserhöhung bei der Aufnahme von Calciumcarbonat durch Serum. Unbedingt zwingend scheinen KLINKES Ausführungen zu diesem letzten Punkte nicht.

Die Frage ist zweifellos heute noch nicht endgültig erledigt. Doch darf man es wohl vorläufig als *sehr wahrscheinlich* bezeichnen, daß das Calcium der Blutflüssigkeit zum großen Teil komplex gebunden ist. Die Vermutung ist bereits ausgesprochen worden, daß bei dieser Bindung das Hormon der Epithelkörperchen beteiligt sein mag, vielleicht selbst chemisch mit in den Komplex eintritt[9]. Für eine sichere Aussage darüber liegen aber noch keinerlei Anhaltspunkte vor.

Die Frage der „Bindung" des *nicht*diffusiblen Calciums ist ebenfalls heute noch ungelöst. Natürlich hat von vornherein der Gedanke viel Anklang gefunden, daß es sich um irgendeine Anlagerung an *Eiweiß* handle. Dafür sprechen unter anderem die Befunde, daß bei der Blutgerinnung stets Calcium mit dem Fibrin niedergeschlagen wird, und zwar, wie es scheint, doch in etwas größeren Mengen, als dem im Blutplasma gegebenen Verhältnis Calcium zu Eiweiß an sich entsprechen würde[10].

---


[1] HASTINGS, MURRAY u. SENDROY: J. of biol. Chem. **71**, 756ff. (1926/27).

[2] KLINKE: Verh. dtsch. Ges. inn. Med. **38**, 359 (1926).

[3] Vgl. dazu auch HOLT, LA MER und CHOWN: J. of biol. Chem. **64**, 567, 575ff. (1924).

[4] KLINKE: Zitiert diese Seite, Fußnote 2: ferner Klin. Wschr. **1927**, 791.

[5] KLEINMANN: Biochem. Z. **196**, 98, 139ff. (1928).

[6] MOND u. NETTER: Pflügers Arch. **212**, 558 (1926).

[7] HOLT, LA MER u. CHOWN: J. of biol. Chem. **64**, 567, 575ff. (1924).

[8] KLINKE: Erg. Physiol. **26**, 267 (1928).

[9] CAMERON u. MOORHOUSE: J. of biol. Chem. **63**, 687 (1925). — HASTINGS, MURRAY u. SENDROY: J. of biol. Chem. **71**, 773ff. (1926/27).

[10] Vgl. dazu STEWART u. PERCIVAL: Zitiert auf S. 36.

Dagegen fanden Czapó und Faubl[1] in Fibrin *weniger* Calcium, als in anderen aus der Blutflüssigkeit hergestellten Eiweißkörpern, nämlich 11 mg-% gegen 38 mg% für das Globulin, 78 mg% für das Albumin und interessanterweise 31 mg% für das Fibrinogen aus Citratplasma. Diese Unterschiede bei verschiedenen Eiweißkörpern sprechen im Sinne einer spezifischen Bindungsweise des Calciums — unbeschadet der Frage, wie man diese Befunde mit anderen zu einer einheitlichen Deutung vereinen kann, z. B. mit der Feststellung von Loeb und Nichols[2], daß das Ansteigen der Globulinfraktion im Serum mit einer *Verminderung* des *diffusiblen* Calciumanteils einhergeht.

Strittig ist auch die Frage über die Beziehungen der kolloidalen Calciumbindung zu dem Hormon der Epithelkörperchen[3] (vgl. auch oben S. 34). Während manche Befunde dafür sprechen, daß nach Exstirpation dieser Drüsen sich das adialysable Calcium vermindert[4], lauten andere ganz entgegengesetzt[5]. Übereinstimmung scheint allerdings darüber zu herrschen, daß im *Liquor* cerebrospinalis bei Epithelkörperchenverlust und überhaupt bei Tetanie nur eine geringfügige oder *gar keine* Abnahme des Calciums erfolgt[6]. Ähnlich liegen die Verhältnisse bei der Dialyse[7], während Ultrafiltration des Serums bei Tetanie eine Verminderung auch des filtrierbaren Anteils ergab[8]. In der Norm und vielen pathologischen Zuständen ist die Menge des ionisierten Calciums im Liquor (absolut) ebenso groß wie im Blutserum, die *Gesamt*menge entspricht fast oder ganz der Menge des diffusiblen Blutcalciums[9]. Nur bei tuberkulöser und besonders Meningokokkenmeningitis wurde der Gehalt des Liquors an Gesamtcalcium (bis zu 8 mg%) erhöht gefunden[10]. In der Gewebsflüssigkeit (Cantharidenblase) soll nach Malmberg[11] bei gleicher Ionenmenge auch ebensoviel Gesamtcalcium sein wie im Blutplasma.

### Calcium in Krankheiten[12].

Außerordentlich zahlreich sind die Befunde geworden, die über die Änderung des Calciumgehaltes der Blutflüssigkeit erhoben worden sind, vor allem an klinischen Patienten. Allen diesen Befunden steht jedoch weit voran an Ausmaß, Konstanz und theoretischem Interesse die *Erniedrigung* des Calciumwertes bei

---

[1] Czapó u. Faubl: Biochem. Z. **150**, 509 (1924).

[2] Loeb u. Nichols: Proc. Soc. exper. Biol. a. Med. **22**, 275 (1925).

[3] Vgl. dazu auch György: Handbuch der normalen und pathol. Physiologie **16 II**.

[4] Cruickshank: Biochemic. J. **17**, 13 (1923). — Cameron u. Moorhouse: J. of biol. Chem. **63**, 687 (1925) u. a.

[5] v. Meysenbug, L., u. McCann: J. of biol. Chem. **47**, 541 (1921). — Moritz: Ebenda **66**, 343 (1925).

[6] Cameron u. Moorhouse: Zitiert diese Seite, Fußnote 4. — Behrendt: Biochem. Z. **144**, 72 (1924); vgl. oben S. 1452. — Critchley u. O'Flynn: Brain **47**, 337 (1924); dagegen Cameron u. Moorhouse: Trans. roy. Soc. Canada **19**, 39 (1925) nach Ronas Ber. **35**, 123.

[7] v. Meysenbug u. McCann: Proc. Soc. exper. Biol. a. Med. **18**, 270 (1921). — Moritz: Zitiert diese Seite, Fußnote 5.

[8] Pincus, Peterson u. Kramer: J. of biol. Chem. **68**, 601 (1926).

[9] Vgl. auch Brucke: Dtsch. Arch. klin. Med. **148**, 183 (1925). — Ferner Barrio: J. Labor. a. clin. Med. **9**, 54 (1923). — Critchley u. O'Flynn: Brain **47**, 337 (1924). — Lickint: Klin. Wschr. **5**, 556 (1926). — Depisch: Wien. Arch. inn. Med. **12**, 189 (1926). — Cohen, Kamner u. Killian: Trans. amer. ophthalm. Soc. **25**, 284 (1927) — Arch. of Ophthalm. **57**, 59 (1928).

[10] Neale u. Esslemont: Arch. Dis. Childh. **3**, 243 (1928). — Lickint: Zitiert diese Seite, Fußnote 9.

[11] Malmberg: Acta paediatr. (Stockh.) **6**, 241 (1926). — Zitiert nach Klinke: Erg. Physiol. **26**, 237 (1928).

[12] Eine sehr ausführliche Abhandlung von Herzfeld, Helene Lubowski und Krüger über „Die klinische Bedeutung des Serumkalkspiegels beim Menschen" mit 22 Seiten Literaturangaben aus den Jahren 1923—1928 findet sich in Fol. haemat. (Lpz.) **41**, 73 (1930).

verschiedenen Formen der *Tetanie*. Entdeckt wurde diese Tatsache, wie erwähnt (vgl. oben S. 34), durch W. G. MacCallum und Voegtlin[1] an der parathyreopriven Tetanie von Katzen und Hunden, später vor allem für die kindliche Tetanie von zahlreichen Forschern bestätigt, zuerst wohl von Howland und Marriott[2]. Für die Tetanie der Erwachsenen haben Leicher[3], für die thyreoparathyreoprive Tetanie des Menschen Jansen[4] (am Gesamtblut), für die „avitaminotische Tetanie" Di Giorgio[5] Analysenzahlen beigebracht. Bei der Atmungstetanie[6] und bei der sog. „Guanidintetanie" (von Kaninchen und Katzen[7]) ist jedoch die Verminderung des Calciumwertes *kein* charakteristischer Befund, obwohl ein leichter Grad vorkommen kann, freilich ebensogut leichte Erhöhung. Eine Verminderung des *ionisierten* Anteils des Calciums ist jedoch wahrscheinlich, besonders bei der deutlichen Alkalose, wie sie durch forcierte Atmung herbeigeführt wird.

Bei der Krankheit Tetanie sinkt der Wert für das Calcium auf zwei bis ein Drittel des Normalen, also 8—4 mg%. Im ganzen scheint es, daß die Schwere der Symptome der Senkung des Calciumwertes parallel laufe, wenn das auch wohl nicht ganz ausnahmslos gilt. Nach Hastings und Murray[8] sowie Salvesen[9] treten bei Hunden nach Nebennierenexstirpation Tetaniesymptome immer nur dann auf, wenn der Calciumwert in der Blutflüssigkeit unter 7 mg% Ca sinkt. Wichtig ist vor allem auch, daß im allgemeinen mit Schwinden der Symptome, sei es spontan, sei es durch Behandlung, bei Mensch und Tier der Calciumwert auf normale Höhe zurückgeht[10].

Die Bedeutung und die eigentliche Ursache dieser Calciumverminderung im Blute sind umstritten. Freudenberg und György sind in mehreren Arbeiten[11] dafür eingetreten, daß die Bedeutung der Erscheinung geringfügig sei, jedenfalls weit zurücktrete vor der von ihnen angenommenen und in näheren Zusammenhang mit den Symptomen der Tetanie und Spasmophilie gebrachten Verminderung der Calcium*ionen*.

Von anderer Seite ist auch die Ansicht verteidigt worden, daß eine Abnahme des *nichtdiffusiblen* Calciums die wesentliche Veränderung bei der Tetanie darstelle, von Cruickshank[12] auf Grund von Versuchen an parathyreopriven Hunden mit der Kompensationsdialyse. Doch hat sich schon die Richtigkeit dieser tatsächlichen Angabe keine Anerkennung verschaffen können[13].

----

[1] MacCallum, W. G. u. Voegtlin: Zbl. Grenzgeb. Med. u. Chir. **11**, 209 (1908) — Proc. Soc. exper. Biol. a. Med. **5**, 84 (1908) — J. of exper. Med. **11**, 118 (1909).

[2] Howland u. Marriott: Quart. J. Med. **2**, 289 (1918). — Ferner Kramer u. Howland: J. of biol. Chem. **43**, 35 (1920). — Kramer, Tisdall u. Howland: Amer. J. Dis. Childr. **22**, 431 (1921). — Jacobowitz, Sophie: Jb. Kinderheilk. **92**, 256 (1920).

[3] Leicher: Dtsch. Arch. klin. Med. **141**, 85 (1922).

[4] Jansen: Dtsch. Arch. klin. Med. **144**, 14 (1924).

[5] Di Giorgio: Arch. di Fisiol. **25**, 195 (1927).

[6] Grant u. Goldman: Amer. J. Physiol. **52**, 209 (1920). — Behrendt u. Freudenberg: Klin. Wschr. **1923**, 866, 919. — Bourgignon, Turpin u. Guillaumin: Soc. Biol. **92**, 781 (1925).

[7] Paton: Quart. J. exper. Physiol. **10** (1916). — Frank: Z. exper. Med. **24**, 341 (1921). -- Nelken: Ebenda **32**, 348 (1923).

[8] Hastings u. Murray: J. of biol. Chem. **46**, 233 (1921).

[9] Salvesen: Proc. Soc. exper. Biol. a. Med. **20**, 204 (1923) — J. of biol. Chem. **56**, 443 (1923).

[10] Ausnahme s. bei György: Klin. Wschr. **1924**, 1111.

[11] Vgl. dazu die Erörterungen von György: Handbuch der normalen und pathol. Physiologie **16 II**, S. 1587 ff. — Ferner v. Beznák: Biochem. Z. **225**, 295 (1930).

[12] Cruickshank: Biochemic. J. **17**, 13 (1923) — Brit. J. exper. Path. **4**, 213 (1923).

[13] v. Meysenbug, L., u. McCann: J. of biol. Chem. **47**, 541 (1921). — Vgl. ferner György: Klin. Wschr. **1924**, 1601.

Immerhin bleibt es in diesem Zusammenhange sehr bemerkenswert, daß BEHRENDT[1] bei 12 nichttetanischen Kindern im Durchschnitt den Wert von 4,9 und bei 9 Tetaniekindern den Wert von 4,8 mg% im Liquor fand; besonders interessant sind seine *gleichzeitigen* Analysen von Blutserum und Liquor an denselben Individuen mit den Ergebnissen (mg% Ca):

|  | Normales Kind | Tetaniekinder | | | |
|---|---|---|---|---|---|
| Serum . . . . . . | 11,2 | 6,2 | 6,8 | 4,4 | 7,2 |
| Liquor . . . . . | 4,9 | 4,9 | 5,1 | 4,0 | 5,1 |

Da unter *normalen* Bedingungen der Calciumgehalt des Liquors mit dem durch Dialyse oder Ultrafiltration bestimmten diffusiblen Anteil des Serumcalciums übereinstimmt, so wären diese Befunde ohne Hilfshypothesen leichter zu verstehen, wenn man eine stärkere Abnahme des *nicht*diffusiblen Blutcalciums annähme als des diffusiblen[2].

Von großem Interesse für den Zusammenhang zwischen Calcium und Tetaniesymptomen sind die erfolgreichen Versuche von SALVESEN[3], parathyreoprive und tetaniekranke Hunde allein durch systematische Calciumzufuhr beliebig lange am Leben zu erhalten; dabei sank trotz Ausbleibens der Tetaniesymptome der Calciumgehalt der Blutflüssigkeit auf eine niedere Stufe, um bei Aussetzen der regelmäßigen Calciumzufuhr und Ausbrechen der Symptome dann nochmals tiefer abzusinken; solche Tiere sind z. B. symptomfrei bei 6 mg % und bekommen Tetanie bei 3—4 mg% Ca. Die Beobachtungen des Autors sprechen für eine *unmittelbare* Abhängigkeit der Tetaniesymptome vom Calciumgehalt des Körpers, insonderheit der Blutflüssigkeit, wenn auch der ganze Problemenkomplex der Tetanie damit nicht umfaßt ist (die vielmonatige Gesunderhaltung der Hunde gelang mit Fleischfütterung unter Zulage von *milchsaurem* Calcium, so daß etwa acidotische Einflüsse hier therapeutisch kaum in Frage kamen).

Bei der kindlichen Rachitis ist eine Calciumverminderung meist nicht ausgesprochen, wenn auch angedeutet[4]. Dagegen fand sie SZENES[5] beträchtlich bei der Rachitis tarda; Spontanfrakturen bei dieser Erkrankung hatten starke Sprünge zwischen hohen und niedrigen Werten zur Folge[6].

Auch bei mancherlei anderen krankhaften Affektionen sind — zuweilen regelmäßig oder häufig — Änderungen des Calciumwertes in der Blutflüssigkeit festgestellt worden[7]. Eine solche Erniedrigung geringen Grades, d. h. um 5 bis 25%, fand LEICHER[8] bei *Basedowscher Krankheit*, ebenso auch bei normalen Menschen, die einige Zeit mit Thyreoidin behandelt worden waren; auch JANSEN[9] fand am Gesamtblut eine entsprechende Erniedrigung. Zu dieser Erscheinung paßt gut, daß bei *Myxödem* der Calciumwert erhöht gefunden wurde (LEICHER).

Diesen Beobachtungen stehen freilich solche von EPPINGER und HESS[10], sowie NISHIMURA[11] gegenüber, die eine Steigerung des Blutcalciums bei BASEDOW-

---

[1] BEHRENDT: Biochem. Z. **144**, 72 (1924).

[2] Vgl. dazu S. 44 sowie GYÖRGY Handb. der normal. u. pathol. Physiol. **16 II**, S. 1601.

[3] SALVESEN: J. of biol. Chem. **56**, 443 (1923).

[4] Vgl. z. B. GYÖRGY: Jb. Kinderheilk. **99**, 1 (1922). — TISDALL: Amer. J. Dis. Childr. **24**, 382 (1922).

[5] SZENES: Mitt. Grenzgeb. Med. u. Chir. **33**, 649 (1921).

[6] Weiteres hierüber s. bei GYÖRGY des in Fußnote 2 genannten Werkes.

[7] Vgl. u. a. HERZFELD u. LUBOWSKI: Dtsch. med. Wschr. **1923**, 603, 638.

[8] LEICHER: Dtsch. Arch. klin. Med. **141**, 85 (1922).

[9] JANSEN: Dtsch. Arch. klin. Med. **144**, 14 (1924).

[10] EPPINGER u. HESS: Z. klin. Med. **67**, 68 (1917).

[11] NISHIMURA: Fol. endocrin. jap. **4**, 73 (1928).

scher Krankheit konstatierten. Der letztgenannte notierte den gleichen Befund bei Dystrophia adiposogenitalis. Auch bei Diabetes fand KYLIN[1] erhöhte Werte, dasselbe COATES und RAIMONT bei Gicht[2]. Bei Arthritiden und Arthopathien sah jedoch PAUL SPIRO[3] keine Erhöhung des Calciums (vielmehr eine solche des Kaliums).

Bei *Nierenerkrankungen*, besonders mit Ödem und Hypertonie, ebenso bei Kreislaufstörungen, Herzinsuffizienz u. dgl., finden sich *erniedrigte* Calciumwerte[4]. Interessant ist die mehrfach bestätigte Erfahrung, daß Ödem- und Ascitesflüssigkeit stets einen wesentlich geringeren Calciumgehalt aufweisen als die Blutflüssigkeit, nämlich $4^1/_2$—$5^1/_2$ mg% Ca (vgl. dazu das oben S. 36, 44 über Ultrafiltration und Liquor cerebrospinalis Gesagte). Anämiker liefern ebenfalls unternormale Werte[5]. Bei *Hungerödem* fand JANSEN recht niedrige Blutcalciumwerte. Pellagra soll den Serumkalk leicht steigern[6]. Obstruktionsikterus lieferte bei SPIRO[3] erhöhte, bei BUCHBINDER und KERN[7] erniedrigte Werte. Bei Furunculose sahen THRO und EHN[8] das gleiche. Bei Pneumonie folgte auf Erniedrigung im Stadium der Infiltration[8] eine Steigerung im Stadium der Lösung. Die meisten Infektionskrankheiten sind jedoch ohne Einfluß auf das Blutcalcium. Frakturheilungen[9], sowie allergische Symptomenkomplexe[10] und vegetative Neurosen[3] setzten am Serumkalkwert keine merkliche Veränderung. Geringe Erniedrigungen wurden notiert bei *Neurasthenie* und *Epilepsie*[11]. Bemerkenswert sind auch Untersuchungen von BLUM, DELAVILLE und VAN CAULAERT[12] über den ultrafiltrierbaren (also diffusiblen) Anteil des Serumcalciums; sie fanden — oft ohne beträchtliche Änderung im Gesamtcalcium — eine Vermehrung dieses Anteils bei Acidose (Diabetes, Urämie, Herzinsuffizienz). In gleicher Weise waren anaphylaktische Anfälle (Asthma, Serumkrankheit) sowie der Peptonshock beim Hunde und der anaphylaktische Shock beim Kaninchen wirksam.

Bei den meisten dieser Befunde muß es wohl vorläufig noch zweifelhaft bleiben, wie weit die beobachteten Verschiebungen des Calciumgehaltes in der Blutflüssigkeit wirklich *charakteristisch* für den in Frage stehenden krankhaften Zustand sind, vor allem aber, welcher Kausalnexus dabei im Spiele sein könnte. An Hypothesen über solche fehlt es natürlich nicht.

---

[1] KYLIN: Acta med. scand. (Stockh.) **66**, 197 (1927).

[2] COATES u. RAIMONT: Biochemic. J. **18**, 921 (1924).

[3] SPIRO, PAUL: Z. klin. Med. **110**, 58 (1929).

[4] ZONDEK, PETOW u. LIEBERT: Klin. Wschr. **1922**, 2172 — Z. klin. Med. **99**, 129 (1923). — SALVESEN u. LINDER: J. of biol. Chem. **58**, 617 (1923). — KYLIN u. SILFVERSVÄRD: Z. exper. Med. **43**, 47 (1924). — JANSEN: Zitiert auf S. 46, Fußnote 9. — DE WESSELOW: Quart. J. Med. **16**, 341 (1923). — Vgl. dagegen M. P. WEIL: Soc. Biol. **88**, 732 (1923). — Ferner DENIS: J. of biol. Chem. **56**, 473 (1923) (normale Ca-Werte bei experimenteller Nephritis des Kaninchens). — SCHMITZ, ROHDENBURG u. MYERS: Arch. int. Med. **37**, 237 (1926). — NELKEN u. STEINITZ: Z. klin. Med. **103**, 317 (1926). — SALVESEN: Ebenda **105**, 245 (1927). — MEGLITZKY: Z. exper. Med. **55**, 13 (1927) (Katzen). — HARTWICH u. KESSEL: Klin. Wschr. **1928**, 67 (experimentelle Urämie an Hunden). — Vgl. auch KISCH: Ebenda **1926**, 1556; **1927**, 1085.

[5] KAUFTEIL u. KISCH: Klin. Wschr. **1927**, 1328.

[6] BALLIF u. GHERSCOVICI: C. r. Soc. Biol. Paris **98**, 393 (1928).

[7] BUCHBINDER u. KERN: Amer. J. Physiol. **80**, 273 (1927).

[8] Vgl. auch THRO u. MARIE EHN: Proc. Soc. exper. Biol. a. Med. **20**, 313 (1923).

[9] BAJ: Giorn. Batter. **2**, 94 (1927) nach Ronas Ber. **40**, 550 (1927). — RUDD: Med. J. Austral. **2**, 398 (1927) nach Ronas Ber. **44**, 548 (1928).

[10] JANSEN: Zitiert auf S. 46, Fußnote 9. — GRIEP u. MCELROY: Arch. int. Med. **42**, 865 (1928). — Vgl. dagegen v. BÉRENCZY: Klin. Wschr. **1930**, 1213.

[11] COATES u. RAIMONT: Biochemic. J. **18**, 921 (1924). — Vgl. dazu auch BIGWOOD: J. Physiol. et Path. gén. **22**, 94 (1924).

[12] BLUM, DELAVILLE u. VAN CAULAERT: C. r. Soc. Biol. Paris **91**, 1287 (1924).

Von äußeren Eingriffen, bei denen das Serumcalcium untersucht wurde, seien die folgenden erwähnt:

Äthernarkose[1], Morphin[2] und Scopolamin[3] *erhöhten* den Wert, was mit der allgemeinen Wirkung nervöser Beruhigung (vgl. oben S. 35 — Glaser) kontrastiert. Avertinnarkose führte dagegen zu geringfügiger Senkung[4]. Pilocarpin, Atropin[5], Digitalis[6] führten meist zum Anstieg, Adrenalin[5,7], Ergotamin[3] und Hypophysin[7] zum Abfall, Histamin[8] zu wechselnder Reaktion. Tetanustoxin senkte den Calciumwert[9]. Im prolongierten anaphylaktischen Shock stieg er an[10], ebenso bei Bestrahlung (von Hunden) mit ultraviolettem Licht[11], bei Bestrahlung der Milz, Leber oder Schilddrüse mit Röntgenstrahlen[12], nach Aderlaß[13] und Bädern[14].

Daß bei diesen Wirkungen Einflüsse des vegetativen Nervensystems vielfach im Spiele sein dürften, ist anzunehmen, auch wohl zum Teil entsprechend der Schematisierung nach Kraus und Zondek[15], derzufolge Kaliumerhöhung einer Vagus-, Calciumerhöhung einer Sympathicuserregung parallelgeht. (Übrigens gilt das Schema ja keineswegs durchgehend und enthält auch einen geringen Erkenntniswert, so lange nicht bekannt ist, auf welche Weise Nervenerregungen die Konzentration des Blutplasmas an Salzionen beherrschen.)

Von einem gewissen Interesse sind endlich noch die Beziehungen zwischen dem *Vitamin D* und der Höhe des Calciumwertes in der Blutflüssigkeit. Ernährung mit einer Kost, die frei von Vitamin B (an Tauben[16]) oder C (an Meerschweinchen[17]) war, hatte *keine* Veränderung dieses Wertes zur Folge. Bei der experimentellen, durch Mangel an Vitamin D erzeugten Rachitis, hängt die Menge des Serumkalkes von der Art der gleichzeitigen Ernährung ab; bei der meist gebrauchten phosphorarmen Kost ist sie (wie bei der kindlichen Rachitis; vgl. S. 46) gewöhnlich nicht oder nicht wesentlich vermindert[18]. Doch sieht man bei der Behandlung kranker oder gesunder Tiere oder Menschen mit bestrahltem Ergosterin zuweilen — keineswegs immer[19] — einen Anstieg auf oder über die Norm[20]; am deutlichsten war dies in den Ver-

---

[1] Emmerson: J. Labor. a. clin. Med. **14**, 195 (1928).

[2] Nishigishi: J. of orient. Med. **8**, 519 (1928).

[3] Urechia u. Popoviciu: C. r. Soc. Biol. Paris **97**, 1573 (1927).

[4] Stiasny: Tierärztl. Rdsch. **33**, 871 (1927).

[5] Zamorani: Riv. Clin. pediatr. **26**, 288 (1928).

[6] Billigheimer u. Ginsburg: Klin. Wschr. **1922**, 257.

[7] Leicher: Dtsch. Arch. klin. Med. **141**, 85 (1922). — Vgl. auch Billigheimer: Klin. Wschr. **1922**, 256.

[8] Kuschinsky: Z. exper. Med. **64**, 563 (1929).

[9] Krinizki: Biochem. Z. **183**, 81 (1927).

[10] Schittenhelm, Erhardt u. Warnat: Z. exper. Med. **58**, 662 (1928).

[11] Fairhall: Amer. J. Physiol. **84**, 378 (1928).

[12] Zunz u. la Barre: C. r. Soc. Biol. Paris **96**, 125 (1928). — Bogajevski u. Manučarova: Ronas Ber. **7**, 376 (1928).

[13] Nitzescu u. Runceanu: C. r. Soc. Biol. Paris **97**, 1109 (1927).

[14] Popoviciu: C. r. Soc. Biol. Paris **100**, 377 (1929).

[15] Kraus u. Zondek: Klin. Wschr. **1924**, 707, 735. — Zondek: Die Elektrolyte. Berlin 1927. — Vgl. auch Leites: Ronas Ber. **41**, 235 (1927). — Capo u. Rocco: Gazz. internaz. med.-chir. **6**, 1928 (Altershypocalcämie). — Mosbach: Klin. Wschr. **1930**, 2051.

[16] Ungar: Biochem. Z. **180**, 357 (1927).

[17] Randoin u. Michaux: C. r. Soc. Biol. Paris **100**, 11 (1929).

[18] Vgl. u. a. Elisab. Koch u. Cahan: Proc. Soc. exper. Biol. a. Med. **24**, 153 (1926).

[19] Harvard u. Hoyle: Biochemic. J. **22**, 713 (1928). — Harris u. Stewart: Ebenda **23**, 206 (1929).

[20] Lasch: Klin. Wschr. **1928**, 2148. — Wilkes, Follet u. Martles: Amer. J. Dis. Childr. **37**, 483 (1929).

suchen von Demole und Fromherz[1] an Hunden, in denen sich ein ziemlich guter Parallelismus zwischen Höhe der angewandten Dosis und Anstieg des Serumcalciums (bis 20 mg% Ca) zeigte.

Endgültiges läßt sich heute nicht sagen, weil der Stand der chemischen Erforschung so viel ergeben hat, daß bei der Bestrahlung des Ergosterins neben dem Vitamin D noch andere wirksame Substanzen entstehen[2] und daher die Wirkung verschiedener Präparate nicht immer übereinstimmt, vor allem aber auch die Zusammengehörigkeit der Wirkung auf das Blutcalcium mit anderen Wirkungen des Vitamins nicht zu durchschauen ist.

Außergewöhnlich hohe Werte für das Calcium des Blutes wie der Cerebrospinalflüssigkeit ermittelten Grete Genck und Blühdorn[3] bei Kindern, die lange Zeit in der Agone lagen — meist nach dem Tode; die Zahlen liegen für Serum zwischen 127 und 835 mg% Ca, die für Liquor zwischen 81 und 713 mg% (je 4 Fälle). In einem Falle wurde 2 Stunden vor dem Tode im Liquor 303 mg% Ca ermittelt. Nach meiner Erfahrung ist es nicht ausgeschlossen, daß bei der von den genannten Autoren benutzten Methode nach de Waard[4] infolge unaufgeklärter Verschiebungen in der Zusammensetzung der Körperflüssigkeiten *unabhängig* vom Calcium Täuschungen vorkommen, die bei der Umrechnung des Titrationswertes auf Calcium zu enormen Zahlen führen, ohne daß der wirklich vorhandene Calciumgehalt dem entspräche. Ich vermag nicht bestimmt zu behaupten, daß die Zahlen von Genck und Blühdorn auf solche analytischen Irrtümer zurückzuführen sind, halte aber die Nachprüfung dieser erstaunlichen Befunde für dringend erwünscht.

## Magnesium.

Magnesium tritt neben den drei übrigen Basen der Blutflüssigkeit an Menge und, wie es scheint, auch an Wichtigkeit zurück; wenigstens hat man noch viel weniger charakteristische Zusammenhänge zwischen der Gegenwart dieses Basenbildners und physiologischen oder pathologischen Vorgängen aufgedeckt. Der Gehalt der Blutflüssigkeit an Magnesium beträgt ungefähr $2^1/_2$ mg% Mg, wobei vielleicht Schwankungen von $1^1/_2$—4 mg% als physiologisch anzusehen sind[5]. Davon ist wie bei Calcium nur ein *Teil* frei diffusibel, wie aus Ultrafiltrationsversuchen zu schließen ist[6], während allerdings im *Liquor*[7] und in Cystenflüssigkeit (vom Rind[8]) gleiche oder höhere Zahlen wie in der Blutflüssigkeit gefunden wurden. Bei Elektrodialyse von Serum wandert Magnesium sowohl kathodisch wie anodisch, es ist also wie Calcium partiell in Anionen komplex gebunden[9]. Hunger[10], Schwangerschaft und Geburt haben kaum Einfluß auf den Magnesiumwert, Kinder und Frauen unterscheiden sich nicht[11]. Bei


[1] Demole u. Fromherz: Verh. dtsch. pharmak. Ges. 9 (Münster), 100 (1929) — ferner Arch. f. exper. Path. 146, 347 (1929); 147, 100 (1930).

[2] Windaus: Nachr. Ges. Wiss. Göttingen, Math.-physik. Kl. 1930, 36.

[3] Genck, Grete, u. Blühdorn: Jb. Kinderheilk. 102, 83 (1923).

[4] de Waard: Biochem. Z. 97, 176 (1919).

[5] Vgl. Heubner: Mineralstoffwechsel in Dietrich-Kaminers Handb. der Balneologie 2, 187, 188. — Magnus-Levy: Z. klin. Med. 88, 1 (1919). — Denis: J. of biol. Chem. 41, 363 (1920). — Kramer u. Tisdall: Ebenda 53, 241 (1922). — Salvesen u. Linder: Ebenda 58, 617 (1923/24). — Tron: Graefes Arch. 118, 713 (1927). — Berg: Z. anal. Chem. 71, 23 (1927). — Duke-Elder: Biochemic. J. 21, 66 (1927). — Morgulis u. Bollman: Amer. J. Physiol. 84, 350 (1928). — Kral, Stary u. Winternitz: Hoppe-Seylers Z. 182, 107 (1929) — Z. Neur. 122, 316 (1929). — Kallinikova: Biochem. Z. 220, 278 (1930). — Yoshimatsu: Tohoku J. exp. med. 14, 29 (1929). — Eichholtz u. Berg: Biochem. Z. 225, 352 (1930).

[6] Cushny: J. of Physiol. 53, 391 (1920). — Stary u. Winternitz: Hoppe-Seylers Z. 182, 107 (1929). — Kral, Stary u. Winternitz: Z. Neur. 122, 316 (1929).

[7] Weston u. Howard: Arch. of Neur. 8, 179 (1922). — Stary u. Mitarbeiter: Zitiert diese Seite, Fußnote 6.

[8] Mazzocco: C. r. Soc. Biol. Paris 88, 342 (1923).

[9] Bernhard u. Beaver: J. of biol. Chem. 69, 113 (1926).

[10] Morgulis u. Bollman: Zitiert diese Seite, Fußnote 5.

[11] Bogert u. Plass: J. of biol. Chem. 56, 297 (1923).

Hypertonikern fand Weil[1] gelegentlich, doch nicht regelmäßig erhöhte Werte. *Pilocarpin* und *Pitruitin* steigerten den Magnesiumwert des Blutserums[2], die Wirkung des Insulins ist umstritten[3].

## Ammonium.

Ammonium kommt als mineralischer Bestandteil der Blutflüssigkeit nicht in Betracht; denn seine Konzentration liegt äußerst nahe bei Null — etwa zwischen $0,01—0,06$ mg%[4]. Sie wechselt ein wenig mit der Tierart und ist in den Venen etwas höher als in den Arterien[5]. Das frische Venenblut des normalen Menschen enthält nach Klisiecki[6] $0,011—0,036$ (im Mittel 0,026) mg% $NH_3$. Im Blute der Venen des trächtigen Uterus[7], der Nieren[8], besonders aber der Pfortader[9] (auch der Milzvenen[10]) sind höhere Werte zu finden als in anderen Gefäßgebieten. Hunger, Acidose, vor allem Muskelarbeit[11] führen zum Anstieg des Ammoniums, das aus organischen Vorstufen durch Desaminierung entsteht. Dies erfolgt während der Funktion im Muskel[12], postmortal schon innerhalb des Blutes, und zwar sehr rasch, natürlich auch im Aderlaßblut[13]. Im „Vivodiffusat", d. h. im Dialysat des zirkulierenden Blutes lebender Hunde, fand Alice Rohde[14] *kein* Ammoniak, wohl aber mit ihrer Methodik im Blute selbst.

## Basenüberschuß in der Blutflüssigkeit.

Stellt man die Zahlen für die Mineralstoffe des Blutplasmas oder -serums (des Menschen) zusammen, was stets nur mit einer gewissen Willkür bei der Wahl der Grenz- und Mittelwerte geschehen kann, so ergibt sich etwa folgendes Bild:

| | Säuren | | | | Basen | | |
|---|---|---|---|---|---|---|---|
| | mg% Grenzen ungefähr | mg% Mittel etwa | mg Äquival. im Liter oder ccm $^1/_{10}$ n-Lösung auf 100 ccm | | mg% Grenzen ungefähr | mg% Mittel etwa | mg Äquival. im Liter oder ccm $^1/_{10}$ n-Lösung auf 100 ccm |
| Cl | 340—400 | 370 | 104 | Na | 270—350 | 320 | 139 |
| $HCO_3$ | 140—200 | 170 | 28 | K | 15—25 | 20 | 5 |
| $SO_4$ | 3—8 | 4 | 1 | Ca | 10—12 | 11 | 5 |
| $HPO_4$ | 3—15 | 10 | 2 | Mg | 2—4 | 3 | 2 |
| | | | *135* | | | | *151* |

[1] Weil: C. r. Soc. Biol. Paris **88**, 732 (1923).

[2] Mozai, Ariya, Inada u. Kawashima: Proc. imp. Acad. Tokyo **3**, 109 (1927).

[3] Takeuchi: Tohoku J. exper. Med. **11**, 327 (1918). — Staub, Günther u. Fröhlich: Klin. Wschr. **1923**, 2337. — Briggs, Koechig, Doisy u. Weber: J. of biol. Chem. **58**, 721 (1923).

[4] Folin u. Denis: J. of biol. Chem. **11**, 161, 527 (1912). — Barnett: Ebenda **29**, 459 (1917). — Nash u. Benedict: Ebenda **48**, 463 (1921); **51**, 183 (1922). — Parnas u. Heller: Biochem. Z. **152**, 1 (1924) — C. r. Soc. Biol. Paris **91**, 706 (1924). — Parnas: Biochem. Z. **155**, 247 (1925). — Parnas u. Klisiecki: Ebenda **169**, 255 (1926).

[5] Parnas u. Klisiecki: Biochem. Z. **169**, 255 (1923). — Cholopow: Ronas Ber. **44**, 254 (1928). — Karazawa: Jap. J. Biochem. **10**, 389 (1929) nach Ronas Ber. **52**, 118.

[6] Klisiecki: Biochem. Z. **172**, 442 (1926).

[7] Parnas u. Klisiecki: Biochem. Z. **173**, 224 (1926).

[8] Benedict u. Nash: Zitiert diese Seite, Fußnote 4; — ferner Hoppe-Seylers Z. **136**, 130 (1924). — Karazawa: Zitiert diese Seite, Fußnote 5. — Gottlieb: Biochem. Z. **194**, 163 (1928). — Vgl. dagegen Henriques: Hoppe-Seylers Z. **130**, 39 (1923). — Bisgaard u. Noervig: C. r. Soc. Biol. Paris **88**, 813 (1923). — Gherardini: Arch. di Sci. biol. **4**, 213 (1923).

[9] Ältere, nur qualitativ zureichende Daten bei Horodynski, Salaskin u. Zaleski: Hoppe-Seylers Z. **35**, 246 (1902). — Folin u. Denis: J. of biol. Chem. **11**, 161, 527 (1912). — Henriques u. Christiansen: Biochem. Z. **80**, 297 (1917). — Neuere Befunde mit besserer Methodik Parnas u. Klisiecki: Zitiert diese Seite, Fußnote 7. — Cholopow: Zitiert diese Seite, Fußnote 5.

[10] Bliss: J. of biol. Chem. **67**, 109 (1926). — Klisiecki, Mozołowski u. Taubenhaus: Biochem. Z. **181**, 80 (1927).

[11] Parnas, Mozołowski u. Levinski: Biochem. Z. **188**, 15 (1927).

[12] Embden: Klin. Wschr. **6**, 628 (1927) usw.

[13] Parnas u. Heller: Zitiert diese Seite, Fußnote 4.

[14] Rohde, Alice: J. of biol. Chem. **21**, 325 (1916).

Andere Zusammenstellungen liefern ähnliche Werte[1]; wenn auch je nach der Einschätzung des Methodischen, je nach dem Umfang des berücksichtigten Analysenmaterials Schwankungen vorkommen, das eine bleibt immer gleich und ist unbezweifelbar: die Zahl der basischen Äquivalente unter den Mineralstoffen ist sicher *größer* als die Zahl der sauren.

Die Differenz beträgt nach der auf der tabellarischen Übersicht gegebenen Aufstellung 16 Milliäquivalente im Liter und wird von verschiedenen Autoren auf 10—25 Milliäquivalente geschätzt. MARRACK[2] rechnet einfach soviel Äquivalente, wie Kalium, Calcium und Magnesium zusammen ergeben, als Überschuß, während das Natrium gerade die Äquivalente der vier mineralischen Säuren absättigen soll; als rohes Schema kann man dies gelten lassen.

Meist denkt man sich den Überschuß der Basen an Eiweiß gebunden[3] und man muß nach meiner Ansicht den *Unterschied* in dem Verhältnis zwischen Natrium und Chlorid, das man zwischen Blutflüssigkeit einerseits und seinen — ganz oder fast — eiweißfreien Derivaten (Ultrafiltrat, Kammerwasser, Liquor cerebrospinalis) andererseits findet, als starkes Argument dafür ansehen. Nach allen vorliegenden Analysen wächst immer der Gehalt an Chlorid im eiweißfreien „Filtrat" usw. stärker an als der Gehalt an Natrium, wenn dieser überhaupt ansteigt (vgl. oben S. 27 f.). Mag auch vielleicht das bisher vorliegende Material an Quantität und bei der Schwierigkeit der Natriumbestimmung auch an Qualität noch nicht endgültig ausreichen, so läßt sich doch nicht leugnen, daß diejenigen Forscher, die sich mit der Frage beschäftigt haben, einmütig zu der Ansicht gekommen sind, daß der Basenüberschuß z. B. in der Cerebrospinalflüssigkeit wesentlich *geringer* ist als im Blute[4], vielleicht sogar fehlt (MARRACK). Dies ist an sich gewiß kein *Beweis* dafür, daß der Basenüberschuß im Blute durch Eiweiß abgesättigt ist, weil man diese im Körper gebildeten Flüssigkeiten nicht ohne weiteres als Ultrafiltrate oder Dialysate ansehen kann; aber ihre Übereinstimmung in den fraglichen Punkten mit den *in vitro* erzeugten Ultrafiltraten gibt doch der Ansicht eine kräftige Stütze, daß mindestens ein Anteil des Basenüberschusses an ein als Säurerest wirkendes Kolloid gebunden ist, das nach unseren Kenntnissen über die Blutflüssigkeit am wahrscheinlichsten Eiweiß sein muß. Neben ihm kämen wohl nur hochmolekulare Fettsäuren in Frage.

Aus der Existenz von Calcium und Magnesium in kolloidaler, d. h. nichtdiffusibler Form, kann man in der besprochenen Richtung allein keine Schlüsse ziehen; denn diese Form schließt ja keineswegs die Bindung an einen mineralischen Säurerest, nämlich Phosphat, aus, dessen Erdalkalisalze ja leicht kolloidal auftreten können. Überdies kommt auch bei etwaiger Verbindung mit Eiweiß vorwiegend die Bildung von *höheren Komplexen* in Frage, die durch Zusammentritt einfacherer Salze usw. entstehen, in denen die Hauptvalenzen der Basen bereits abgesättigt sind[5].

Die Annahme einer Absättigung des Basenüberschusses in der Blutflüssigkeit durch Eiweiß ist keineswegs unbestritten geblieben. W. E. RINGER[6] untersuchte mit Hilfe von Natrium- und Kaliumamalgamelektroden Mischungen

---

[1] Vgl. HEUBNER: Mineralstoffwechsel in Dietrich-Kaminers Handb. der Balneologie **2**, 193. — KRAMER u. TISDALL: J. of biol. Chem. **53**, 241 (1922). — MARRACK: Biochemic. J. **17**, 240 (1923). — WILSON: Physiologic. Rev. **3**, 295 (1923). — DE WESSELOW: Chemistry of the Blood in clinic. Med. London: Ernest Benn ltd. 1924. — MYERS: Physiologic. Rev. **4**, 274 (1924).

[2] MARRACK: Zitiert diese Seite, Fußnote 1.

[3] Vgl. dazu besonders LOEWY u. ZUNTZ: Pflügers Arch. **58**, 511 (1894). — GÜRBER: Sitzgsber. physik.med. Ges. Würzburg 1895. — RONA u. GYÖRGY: Biochem. Z. **56**, 416 (1913).

[4] Vgl. HAUROWITZ: Hoppe-Seylers Z. **128**, 290 (1923). — MARRACK: Biochemic. J. **17**, 260 (1923).

[5] Vgl. dazu S. 89.

[6] RINGER, W. E.: Hoppe-Seylers Z. **130**, 270 (1923).

von Natrium- und Kaliumchloridlösungen mit nahezu mineralfrei dialysiertem
Pferdeserum und fand bei neutraler Reaktion keine Spur von einer Verminderung
der Natrium- oder Kaliumionen; selbst bei Zusatz von Kalilauge bis zu 0,01
normaler Konzentration fand er keine Änderung des Potentials, während Natron-
lauge in 0,05 normaler Konzentration doch eine solche erkennen ließ. Ob daraus
endgültig zu folgern ist, daß bei Blutreaktion keine Eiweißalkaliverbindung
existieren kann, muß wohl noch fraglich bleiben, da einmal nicht gewiß ist,
welche aktuelle Reaktion bei der zugesetzten Alkalimenge in der Mischung
vorlag, zweitens dialysiertes Serum ja nicht alle Eiweißarten der Blutflüssigkeit
enthält; gerade die (bei der Dialyse ausfallenden) Globuline mit ihrer Alkali-
löslichkeit konnten für die behandelte Frage besondere Wichtigkeit besitzen.

Mit großer Entschiedenheit hat sich R. MOND[1] gegen die Annahme ausgesprochen, daß das „Anionendefizit" durch Eiweiß gedeckt werde. Sein Hauptargument ist die Annahme, daß „Eiweiß" eine sehr schwache Säure, auch gegenüber Kohlensäure sei, und daß es deshalb nur unmeßbar kleine Anteile der Basen
binden könne; mir scheint der Zeitpunkt noch nicht gekommen zu sein, wo
man mit solcher Entschiedenheit über die Dissoziationsverhältnisse bei den verschiedenen Eiweißkörpern urteilen könnte[2]. Wenn MOND weiterhin sich auf
Befunde zu stützen sucht, nach denen auch in Ultrafiltraten der Blutflüssigkeit das Anionendefizit vorhanden sei, so ignoriert er die bereits obenerwähnte
Tatsache, daß es bei *allen* Untersuchungen, auch den von ihm ausdrücklich
zitierten von NEUHAUSEN und PINCUS[3], mindestens *kleiner* gefunden wurde als
in der Blutflüssigkeit. Mir scheint also, daß bisher noch keine schlagenden
Beweise dafür vorliegen, daß die Eiweißkörper für die Bindung eines Teiles der
Basen so gut wie gar nicht in Betracht kommen.

Schwieriger ist natürlich die Frage zu entscheiden, ob sie *allein* oder überhaupt quantitativ ausschlaggebend den Rest der Säureäquivalente decken. Ein
Argument zugunsten krystalloider, noch unbekannter Säuren hat H. STRAUB[4]
vorgebracht, indem er auf das Manko hinwies, das man erhält, wenn man aus
den analytischen Zahlen für die Mineralstoffe den *Gefrierpunkt* des Blutserums
berechnet und mit den unmittelbar bestimmten Werten vergleicht; der berechnete
Wert ist dann *geringer* als der direkt ermittelte, nach STRAUB sogar um *ein Sechstel*
des Wertes. Bei solchen Zahlenangaben kommt aber sehr viel darauf an, *welche*
Ausgangswerte man für die Berechnung einsetzt, welche Dissoziationskonstanten
für das Salzgemisch man wählt, wie man den Einfluß der Eiweißstoffe auf den
Gefrierpunkt abschätzt u. dgl., und ich glaube, daß man mit gleichem Recht
auch erheblich niedrigere Zahlen für diesen „Molenrest" berechnen könnte.
MOND und NETTER haben eiweißfreie Ultrafiltrate von Rinderserum vorsichtig
mit steigenden Mengen Salzsäure versetzt und die entstehende Wasserstoffionenkonzentration elektrometrisch bestimmt; das gleiche wiederholten sie mit reinen
Gemischen aus Natriumchlorid, -bicarbonat und Harnstoff, die Chlorid und
Bicarbonat in gleicher Konzentration enthielten wie die Ultrafiltrate. Sie fanden
in diesen ein *langsameres* Ansteigen der Wasserstoffzahl als in den künstlichen

---

[1] MOND, R.: Pflügers Arch. **199**, 187 (1923). — MOND, R., u. NETTER: Ebenda **207**, 515
(1925).

[2] Vgl. z. B. WO. PAULI u. Mitarbeiter: Untersuchungen an elektrolytfreien, wasserlöslichen Proteinkörpern. Biochem. Z. **152**, 355, 360; **153**, 253 (1924); **156**, 482; **164**, 401
(1925). — WEBER, H. H.: Ebenda **189**, 381 (1927).

[3] NEUHAUSEN u. PINCUS: J. of biol. Chem. **57**, 99 (1923). — Ferner RONA, HAUROWITZ
u. PETOW: Biochem. Z. **149**, 393 (1924). — RONA, PETOW u. WITTKOWER: Ebenda **150**, 468
(1924).

[4] STRAUB, H.: Dtsch. Arch. klin. Med. **142**, 145 (1923) — Verh. dtsch. Ges. inn. Med.
**36**, 24 (1924).

Lösungen, das durch die Phosphate des Blutes nicht hinreichend zu erklären war und schlossen aus Größe und Lage der Abweichung auf die Gegenwart einer Säure mit der Dissoziationskonstante $10^{-3,5}$ in etwa 0,01 normaler Konzentration. Die Sicherheit dieser Schlußfolgerung, besonders in quantitativer Hinsicht, läßt sich jedoch nach den Angaben der Autoren schwer beurteilen. Immerhin liefern die Beobachtungen Anhaltspunkte dafür, daß bei der Absättigung des Basenüberschusses unbekannte — natürlich organische — Säurereste von Elektrolytnatur beteiligt sind. ANSELMINO und HOFFMANN[1] haben auf der Methodik von MOND und NETTER bereits weitergebaut und glauben eine Steigerung der hypothetischen Säure bei Schwangerschaftsacidose ermittelt zu haben.

Es ist von grundsätzlicher Wichtigkeit, daß die Frage der Absättigung des Basenüberschusses im Blutplasma durch weitere Untersuchungen zu endgültiger Klärung gebracht wird.

In etwas schematisierender Weise kann man die bisherigen Befunde über Ultrafiltrate und einige Körperflüssigkeiten dahin zusammenfassen, daß die aus dem Blut *in die Gewebe tretende Flüssigkeit* wahrscheinlich eine Zusammensetzung besitzt, die sich folgender Aufstellung *annähert*:

| Gewebsflüssigkeit etwa | | | | | |
|---|---|---|---|---|---|
| Säuren | | | Basen | | |
| | mg % | Milliäquivalente im Liter | | mg % | Milliäquivalente im Liter |
| Cl | 420 | 118 | Na | 320 | 139 |
| HCO$_3$ | 170 | 28 | K | 20 | 5 |
| SO$_4$ | 3 | 1 | Ca | 5 | 3 |
| HPO$_4$ | 5 | 1 | Mg | 1 | 1 |
| | | *148* | | | *148* |

## B. Mineralbestand der Blutkörperchen.

Bei Betrachtung des Blutplasmas ergibt sich als eine wichtige Verallgemeinerung, daß bei den verschiedenen Säugetierarten seine mineralische Zusammensetzung sehr ähnlich ist, ja daß sogar — soweit bekannt — in der ganzen Wirbeltierreihe bis herunter zum Frosch die Abweichungen gering zu sein scheinen, wenn man die geringere *Gesamt*konzentration bei den Amphibien ausnimmt.

Ganz anders steht es mit den *zelligen* Gebilden des Blutes, die in höchst ausgesprochenem Grade Eigentümlichkeiten der *Art* aufweisen, in ihrer mineralischen Zusammensetzung sogar wesentlich ausgesprochenere als in ihrer organischen. Diese Aussage stützt sich vor allem auf die Analysen von GÜRBER[2] und von ABDERHALDEN[3].

Die Bewertung der erhaltenen Zahlen kann jedoch nur mit einem gewissen Vorbehalt geschehen. Denn wenn auch die Blutzellen vor allen übrigen Körperzellen den großen Vorzug aufweisen, daß man sie einigermaßen vollständig von der sie umgebenden Flüssigkeit abtrennen kann, so ist doch leider selbst diese Abtrennung nur mit äußerst peinlichen und selten eingehaltenen Maßnahmen so zu bewerkstelligen, daß die *ursprüngliche* mineralische Zusammensetzung der Zellen, wie sie im Blute kreisen, vollständig unverändert erhalten bleibt.

Schon die Gerinnung vermag die Konzentration der Salze zu ändern, indem der Blutkuchen *Wasser* auspreßt[4]; bei Defibrinierung schlägt sich ein Teil des Plasmacalciums mit

---

[1] ANSELMINO u. HOFFMANN: Arch. Gynäk. **140**, 373 (1930).
[2] GÜRBER: Salze des Blutes II. Habilitationsschr. Würzburg 1904.
[3] ABDERHALDEN: Hoppe-Seylers Z. **23**, 521 (1897); **25**, 65 (1889).
[4] LEENDERTZ: Dtsch. Arch. klin. Med. **140**, 279 (1922).

dem Fibrin nieder[1], und es scheint ungewiß, ob nicht auch gewisse Mengen an den Blutkörperchen haften[2]. Zusätze oder Waschungen, wie sie noch Gürber anwandte, verfälschen die Zusammensetzung erst recht, da in merklichem Umfange ein Austausch der Binnensalze der Blutkörperchen mit der Umgebung statthat[3].

Überdies aber sind die methodischen Schwierigkeiten viel größer, wenn man nicht die Mineralstoffe der *Asche*, sondern die tatsächlich in den lebenden Blutkörperchen mineralisch vorhandenen Stoffe kennenlernen will. Zunächst sind diese niemals konstant, sondern wechseln — buchstäblich — mit jedem Atemzug. Die hohe Konzentration des Eiweißkörpers Hämoglobin bedingt eine merklich ins Gewicht fallende Beteiligung desselben an der Bindung der Basen. Nun ist aber die Bindungsfähigkeit des Blutfarbstoffs für Basen eine andere, und zwar größere in der Form des Oxyhämoglobins als in der reduzierten Form; daraus ergibt sich, daß im arteriellen Blut weniger Basenäquivalente für anorganische Säuren zur Verfügung stehen als im venösen, in dem die freigegebenen Basen durch Kohlensäure abgesättigt werden. Der Gehalt der Blutkörperchen an Bicarbonat schwankt daher stets beträchtlich.

Prinzipiell gleichartige Verschiebungen aus dem Blutplasma in die Blutkörperchen oder umgekehrt können auch andere Anionen erleiden. Lawaczeck[4] fand Verminderung des Phosphats im Serum bei Durchleiten von Luft durch defibriniertes Blut, Leon Blum, Delaville und van Caulaert[5] bei Durchleiten von Kohlensäure[6]. Auch das Chlorid wandert — zumal unter Laboratoriumsbedingungen — von einer Phase in die andere, was seit Hamburger[7] bekannt und viel studiert ist und Grund für methodische Fehler werden kann[8]. Auch Bromid[9] oder Nitrat[10] können andere Anionen innerhalb der Blutkörperchen ersetzen.

Ein anderes wichtiges Gleichgewicht besteht zwischen anorganischem Phosphat und Phosphorsäureestern in den Blutkörperchen (beide zusammen bilden den „säurelöslichen Phosphor"). Die Ester sind zum Teil sehr leicht verseifbar, so daß man bei unvorsichtigem Arbeiten leicht das anorganische Phosphat zu hoch bestimmt und früher auch zu hoch bestimmt hat. Heute schätzt man den anorganischen Anteil des „Phosphats" in den Blutkörperchen wesentlich geringer ein als die Ester, nach Mary V. Buell[11] auf kaum 1,5 mg%. Diese umfassen *mehrere* verschiedene Substanzen, unter denen man nach den Forschungen von Robison[12] und seinen Mitarbeitern, vor allem Kay, mehrere Fraktionen deutlich unterscheiden kann. Sie unterscheiden sich durch ihre Verseifbarkeit durch verschiedene Gewebsextrakte, besonders solche aus Knochen und aus Muskeln: wahrscheinlich spaltet das erstgenannte Hexosediphosphat und -monophosphat, das zweite nur Diphosphat. In den Blutkörperchen ist — wenn überhaupt — nur ein sehr kleiner Anteil Phosphorsäureester vorhanden, der durch Muskelferment spaltbar wäre. Wesentlich größer ist der durch Knochenferment spaltbare Anteil; die Hauptmenge jedoch ist auch durch dieses Ferment *nicht* spaltbar. Die beiden Fraktionen unterscheiden sich auch durch ihre Bariumsalze: das der verseifbaren löst sich leicht, das der zweiten kaum in Wasser. Die Phosphor-

---

[1] Jansen: Dtsch. Arch. klin. Med. **145**, 209 (1924); **154**, 195 (1927).
[2] Vgl. dazu Geiger: Boll. Soc. Biol. sper. **2**, 7 (1927).
[3] Hamburger: Arch. néerl. Physiol. **2**, 636 (1918).
[4] Lawaczeck: Biochem. Z. **145**, 351 (1924).
[5] Blum, Leon, Delaville u. van Caulaert: C. r. Soc. Biol. Paris **93**, 703 (1925).
[6] Demgegenüber vgl. jedoch Zucker u. Margerit Gutman: Proc. Soc. exper. Biol. a. Med. **19**, 169 (1922).
[7] Vgl. Heubner: Mineralstoffwechsel in Dietrich-Kaminers Handb. der Balneologie **2**, 194 (1922). — Dautrebande u. Davies: J. of Physiol. **57**, 36 (1922).
[8] Prigge: Dtsch. Arch. klin. Med. **140**, 165 (1922).
[9] Bönniger: Z. exper. Path. u. Ther. **7**, 556 (1910).
[10] Ege: Biochem. Z. **115**, 109, 124ff. (1921).
[11] Buell, Mary V.: J. of biol. Chem. **56**, 97 (1923).
[12] Robison: Biochemic. J. **17**, 286 (1923); **18**, 452, 740, 755, 1133, 1139, 1161, 1354 (1924).

säureester treten aus den Blutkörperchen nicht oder höchstens spurenweise ins Plasma über, obwohl sie aus hämolysiertem Blut sofort durch Kollodiummembranen dialysieren[1].

Zahlenmäßig rechnet man auf den säurelöslichen Phosphor der Blutzellen beim Menschen etwa 50—55 mg% P, also 160 mg $HPO_4$ in 100 ccm Blutkörperchen, und davon ein Viertel auf den verseifbaren, drei Viertel auf den unverseifbaren Anteil. An kranken Menschen fand ROLLER[2] Variationen zwischen 63 und 116 mg% säurelöslicher $HPO_4$ bei 12—22 mg% Phosphat. Die Schwankungen am gleichen Individuum während begrenzter Zeit waren im allgemeinen geringer. Bei anderen Tierarten sind die Zahlen merklich abweichend; KAY[3] ermittelte in einer Analysenreihe unter Berücksichtigung des Blutkörperchenvolumens nach Hämatokritbestimmungen folgende Mittelwerte:

**Tabelle 2. Phosphorfraktionen im Blut in mg% $HPO_4$**

| Tierart | Im Gesamtblute bestimmt | | | | Für 100 ccm Blutkörperchen berechnet | | Summe |
|---|---|---|---|---|---|---|---|
| | Säurelöslich | Anorganisch | Verseifbar | Phosphatid | Verseifbar | Nicht verseifbar | |
| Mensch . . . . | 79 | 9,5 | 19,5 | 36 | 46 | 117 | 163 |
| Ziege . . . . . | 28 | 17,5 | 8,9 | 25 | 25 | 5,5 | 31 |
| Rind . . . . . | 32 | 18 | 8,3 | 30 | 18 | 13,5 | 32 |
| Schaf . . . . . | 35 | 19 | 9,8 | 31 | 25 | 16,5 | 42 |
| Kaninchen . . . | 106 | 17,5 | 27 | 33 | 81 | 187 | 268 |
| Ratte . . . . . | 97 | 16,5 | 19 | — | — | — | — |

Die Abweichungen zwischen den verschiedenen Tierarten sind also am größten in der Fraktion der durch Knochenferment nicht verseifbaren Phosphorsäureester; sie fallen besonders auf, wenn man sie den ziemlich gleichförmigen Zahlen für den Phosphatidphosphor gegenüberhält. Übrigens waren die gewaltigen Unterschiede der Phosphorverbindungen im Blute verschiedener Tierarten bereits durch Analysen von ABDERHALDEN[4] bekannt; nur waren bei ihm die einzelnen Fraktionen aus methodischen Gründen noch nicht so vollkommen voneinander geschieden. Seine Zahlen für die *Summe* von „Nuclein"- und „anorganischem" Phosphor, was heute säurelöslicher Phosphor heißen würde, stimmen befriedigend mit denen von KAY überein; sie betragen als mg% $HPO_4$:

| | Ziege | Rind | Schaf | Kaninchen | Katze | Hund | Schwein | Pferd |
|---|---|---|---|---|---|---|---|---|
| für Gesamtblut . . . . | 24 | 27 | 27 | 100 | 85 | 86 | 109 | 117 |
| für Blutkörperchen . . | 49 | 58 | 59 | 249 | 180 | 184 | 238 | 243 |

Nicht unerwähnt bleibe, daß GÜRBER[5] in der *Asche* der Pferdeblutkörperchen viel niedrigere Werte als ABDERHALDEN gefunden hatte (129—182 gegen 257—332 mg% $HPO_4$); doch ist es nicht ausgeschlossen, daß sein Auswaschverfahren zu Verlusten geführt hatte. Durch die übereinstimmenden Befunde von ABDERHALDEN und KAY an Kaninchen und Wiederkäuern ist es heute als zweifellos anzusehen, daß verschiedene Tierarten enorme Differenzen im Gehalt der Blutkörperchen an Phosphorsäureestern aufweisen können. Am höchsten rangieren Pferd, Schwein und Nagetiere, dann folgen Raubtiere und Mensch, und erst in weitem Abstand zuletzt die Wiederkäuer. ENDRES und HERGET[6] fanden beim Pferd 20—23 mg anorganisches $HPO_4$ auf 100 ccm Blutkörperchen.

---

[1] KAY, H. B.: Brit. J. exper. Path. **7**, 177 (1926).
[2] ROLLER: Biochem. Z. **176**, 483 (1926).
[3] KAY, H. B.: Biochemic. J. **19**, 433 (1925).
[4] ABDERHALDEN: Hoppe-Seylers Z. **23**, 521 (1897); **25**, 65 (1898).
[5] GÜRBER: Salze des Blutes **II**. Habilitationsschr. Würzburg 1904.
[6] ENDRES u. HERGET: Z. Biol. **88**, 455 (1929).

Phosphorsäureester können sich offenbar innerhalb der Blutkörperchen des lebenden Organismus bilden. Iversen[1] hat an Kaninchen Versuche derart ausgeführt, daß nach Injektion von Phosphatlösungen ins Blut der „säurelösliche" Phosphor im Plasma und Körperchen bestimmt wurde. Die Konzentration im Plasma *sank*, während sie in den Körperchen *anstieg*, und zwar über das Gleichgewicht hinaus, was nur durch eine nichtdissozierte Bindung des Phosphats innerhalb der Körperchen erklärbar ist. Nach Heinelt[2] steigt der Esterwert in den Blutzellen im Laufe des Tages etwas an, steigt über die Norm bei Urämie, sinkt bei Azidose.

Schwer zu beurteilen ist die Frage, wieviel Säureäquivalente man den Esterphosphorsäuren in den Blutkörperchen zuzumessen hat; sehr wahrscheinlich ist es, daß ihre *Haupt*menge noch 1 Äquivalent zur Bindung von Basen frei hat.

Die Werte für das *Chlorid* der Blutkörperchen wurden früher[3] zwischen 0,10 und 0,20% angegeben, entsprechen jedoch im allgemeinen dem oberen Grenzwert[4] und können mindestens beim Menschen um 0,22% herum gefunden werden[5]. Nach Fridericia[6] und van Creveld[7] entweichen Chloridionen extra corpus leicht aus den Blutkörperchen. Bezieht man den höheren Wert auf den *Wasser*gehalt der Blutkörperchen, der nach Steinbachs[8] Untersuchungen beim Menschen 53—62, im Mittel 57,4 Gewichtsprozente beträgt, also 64 Vol.-%, so kommt man etwa auf 85% der Konzentration für das Chlorid im Plasmawasser.

Von den Kationen überwiegt beim Menschen das *Kalium*. Als Mittel vieler Analysen mit den Grenzwerten 0,41 und 0,44 führen Kramer und Tisdall[7] die Zahl 0,43% an[9]. Aber auch hier sind die Differenzen unter den Tierarten gewaltig: die höchste Stufe nehmen nach Abderhaldens[10] Analysen (nächst dem Menschen) auch hier Pferd, Schwein und Kaninchen mit Zahlen zwischen 0,37 und 0,24% K ein. Auf einer zweiten Stufe stehen die Wiederkäuer Rind, Schaf und Ziege mit 48—52 mg%, während die Raubtiere Hund und Katze nur 18—20 mg% aufweisen (ein Parallelismus mit den Differenzen an Esterphosphat liegt also *nicht* vor; er ist an sich auch nicht zu erwarten, da ja die Phosphorsäureäquivalente auch in den Blutzellen nur einen Bruchteil der gesamten Anionen ausmachen).

Es ist verständlich, daß die großen Differenzen an Kalium sich auch in den übrigen Kationen der Blutzellen, vor allem im *Natrium*, widerspiegeln. In der Tat werden die Blutkörperchen des Menschen, Pferdes, Schweines und Kaninchens als *frei* von Natrium angesehen, während die der Wiederkäuer im Mittel 0,13, die der Raubtiere 0,16% Na enthalten[11].

[1] Iversen: Biochem. Z. **114**, 297 (1921).

[2] Heinelt: Münch. med. Wschr. **1926**, 729. — Einige Zahlen auch bei Heinelt u. Seidel: Z. exper. Med. **50**, 766 (1926).

[3] Vgl. Heubner: Mineralstoffwechsel in Dietrich-Kaminers Handb. der Balneologie **2**, 194—195 (1922).

[4] Smirk: Biochemic. J. **22**, 201 (1928). — Laudat: C. r. Soc. Biol. Paris **100**, 701 (1929). — Hellmuth: Klin. Wschr. **1929**, 1302.

[5] Kramer u. Tisdall: J. of biol. Chem. **53**, 241 (1922). — Högler u. Ueberrack: Biochem. Z. **150**, 18 (1924).

[6] Fridericia: J. of biol. Chem. **42**, 245 (1920).

[7] van Creveld: Biochem. Z. **123**, 304 (1921).

[8] Steinbach: Z. Biol. **74**, 131; **75**, 305 (1922).

[9] Stark abweichend ist Berthiers Zahl 0,3. C. r. Soc. Biol. Paris **100**, 894 (1929).

[10] Abderhalden: Hoppe-Seylers Z. **23**, 521 (1897); **25**, 65 (1898).

[11] Bunge: Z. Biol. **12**, 200 (1876). — Thelen: Über den Natriumgehalt der Blutkörperchen. Inaug.-Dissert. Würzburg 1897. — Kramer u. Tisdall: Zitiert Seite 57, Fußnote 4. — Abderhalden: Zitiert diese Seite, Fußnote 10.

*Magnesium* findet sich — wie überall im Säugetierorganismus — auch in den Blutzellen nur in geringer Menge; dennoch lassen sich deutliche Artdifferenzen unterscheiden. ABDERHALDENS Zahlen lauten für mg% Mg bei

| Schaf | Rind | Ziege | Kaninchen | Hund | Katze | Pferd | Schwein |
|-------|------|-------|-----------|------|-------|-------|---------|
| 1,0 | 1,3 | 2,4 | 4,6 | 4,1 | 5,4 | 5,4 | 9,0 |

Am Pferde fand GÜRBER[1] Werte von 5—9 mg%. Für den Menschen nehmen KRAMER und TISDALL 5 mg% als Mittel an.

Bei *Calcium* gesellen sich zu den Artunterschieden noch individuelle Unterschiede, die bei diesem Basenbildner besonders auffallend erscheinen: denn trotz seiner Konstanz im Blutplasma gesunder Individuen, einer Konstanz, die sogar die ganze Säugetierreihe zu umfassen scheint, ist es in den *festen* Geweben in erheblich wechselnden Mengen zu finden — auch ohne daß sich irgendwelche krankhafte Störungen nachweisen lassen. Zu den „festen Geweben" gehören offenbar bereits die Blutkörperchen: in vielen Fällen sind sie zweifellos *calciumfrei*, in anderen aber (auch bei gleicher Tierart) calciumhaltig, ohne daß methodische Fehler erkennbar wären, die solche Unterschiede erklären könnten[2]. Stets aber ist der Calciumgehalt der Blutzellen merklich niedriger als im Blutplasma, wodurch sie von anderen Gewebsarten abweichen. J. PARNAS und W. v. JASINSKI[3] fanden bei sorgfältigstem Arbeiten in normalen menschlichen Blutkörperchen 7,5—8% der im Plasma ermittelten Menge, also nahezu 1 mg% Ca, während KRAMER und TISDALL[4] — ebenso anerkannte Analytiker — *kein* Calcium darin annehmen.

Einige neuere Zahlen finden sich auf Tabelle 3 zusammengestellt:

**Tabelle 3. Mineralstoffe in mg% der frischen Blutkörperchensubstanz.**

| Autor | Tierart | Cl | HPO$_4$ | HCO$_3$ | Na | K | Ca | Mg |
|-------|---------|----|---------|---------|----|---|----|----|
| MORGULIS u. BOLLMAN[5] | Hund | 119 | 11 | | 178 | 45 | | 6 |
| ENDRES u. HERGET[6] . | Pferd | 155 bis 183 | 20 bis 23 | 98 | 63 bis 87 | 306 bis 336 | 1 | |

Wie die Abweichungen dieser Zahlen gegenüber den älteren Befunden zu deuten sind, muß offen bleiben: der Natriumgehalt der Blutzellen vom Pferde und der Kaliumgehalt vom Hunde erscheinen z. B. wesentlich höher als bei früheren Untersuchern.

Noch weniger lassen sich die für die *Trockensubstanz* von Blutzellen (einschließlich Fibrin) des Rindes von MCHARGUE, HEALY und HILL[7] angegebenen Zahlen für Magnesium und Natrium mit den bisherigen Befunden in Einklang bringen; die Zahlen sind in Prozent der Trockensubstanz: 1,15 Na; 0,11 K; 0,03 Ca; 0,31 Mg.

Zusammenfassend kann man also für den Mineralbestand der Blutkörperchen folgende *wesentlichen* Merkmale hervorheben: sie haben im *Gegensatz* zur Blutflüssigkeit in der Säugetierreihe *keine* gleichmäßige Zusammensetzung; zwar macht die Hauptmasse ihrer Anionen ebenfalls Chlorid und Bicarbonat aus,

---

[1] GÜRBER: Salze des Blutes 2. Habilitationsschr. Würzburg 1904.
[2] Vgl. HEUBNER u. RONA: Biochem. Z. **93**, 187 (1919); **135**, 248, 253ff. (1923). — Ferner RONA u. TAKAHASHI: Ebenda **31**, 336 (1911). — LINZENMEIER, G.: Zbl. Gynäk. **1912**, 1143. — LAMERS, A. J. M.: Z. Geburtsh. **71**, 392 (1913). — JANSEN: Dtsch. Arch. klin. Med. **125**, 168 (1918).
[3] PARNAS, J., u. W. v. JASINSKI: Klin. Wschr. **1922**, 2029.
[4] KRAMER u. TISDALL: J. of biol. Chem. **53**, 241 (1922).
[5] MORGULIS u. BOLLMAN: Amer. J. Physiol. **84**, 350 (1928).
[6] ENDRES u. HERGET: Z. Biol. **88**, 455 (1929).
[7] MCHARGUE, HEALY u. HILL: J. of biol. Chem. **78**, 637 (1928).

doch kommen hinzu wechselnde Mengen von Esterphosphat; vor allem aber ist der Gehalt an *Kationen* ganz wechselvoll. Allgemein gültig ist wohl nur der stets geringfügige Gehalt an Calcium. Von den einwertigen Kationen kann sowohl Natrium wie Kalium (nahezu?) *allein* vorhanden sein oder beide in wechselndem Verhältnis; der Mensch gehört zu denjenigen Tierarten, bei denen Kalium das Feld beherrscht — aber dies ist keineswegs eine allgemeine Gesetzmäßigkeit.

Nicht ganz unberechtigt scheint beim Überblick über das ganze Analysenmaterial an Blutkörperchen die Frage, ob deren mineralische Zusammensetzung nicht mit der Nahrung oder anderen wechselnden Lebensbedingungen *veränderlich* ist, auch bei dem gleichen Individuum. Dies würde vielleicht manche Diskrepanzen der analytischen Befunde erklären können. Anhaltspunkte für eine solche Vermutung sind vereinzelt zu finden: so berichtet Geiger[1], daß bei Zusatz von Adrenalin zu Blut dessen Calcium an die Blutzellen gebunden werde; Bär[2] fand an parathyreopriven Hunden einen beträchtlichen Anstieg des Calciums in den Blutkörperchen nach Insulininjektion.

Kramer und Tisdall[3] haben auf Grund der vom Menschen bekannten Analysenzahlen eine Säure-Basenbilanz für die Blutkörperchensubstanz aufzustellen versucht. Sie rechnen für das Liter Blutkörperchen 109,7 Milligrammäquivalente auf Kalium; 4 auf Magnesium; 27,6 auf Bicarbonat; 62,8 auf Chlorid; 3,6 auf Phosphat, und kommen so zu dem Ergebnis, daß ein Basenüberschuß von 21,3 mg Äquivalenten vorhanden sei, also etwa die gleiche Differenz wie im Serum. Die Berechnung ist wohl ziemlich müßig, weil die gebrauchten Werte nicht sicher genug sind (z. B. auch die Annahme von 18,2 mg% $HPO_4$ mit 1,8 sauren Valenzen je Mol willkürlich erscheint), weil vor allem aber die fortwährende Ein- und Auswanderung der Kohlensäure und die Unterschiede des Basenbindungsvermögens zwischen reduziertem und Oxyhämoglobin gar keine allgemein gültige Norm zu fixieren gestatten. Endres und Herget berechnen für Pferdeblutkörperchen ein Anionendefizit von etwa 40% der gesamten Kationenäquivalentkonzentration (0,113 im Liter[4]).

Wichtiger ist wohl, daß die Äquivalent*summe*, die die basischen Anteile der Mineralien ergeben, deutlich niedriger ist als im Serum: nach Kramer und Tisdall 0,114 Grammäquivalente je Liter gegen 0,159. Bezieht man jedoch beide auf das in den Körperchen oder im Serum vorhandene *Wasser*volumen, so erhält man in beiden Fällen etwa gleiche Zahlen (0,17—0,18 Grammäquivalente je Liter). Der Anteil der Mineralien am osmotischen Druck und die Tatsache des osmotischen Ausgleichs zwischen Blutkörperchen und Blutplasma läßt ja eine solche leidliche Übereinstimmung erwarten — unbeschadet aller Beziehungen und „Bindungen" zwischen Eiweiß und Mineralstoffen, die modifizierend eingreifen können. (Zur Frage des osmotischen Drucks der Blutzellen vgl. unter anderen Hamburger[5] und Ege[6].)

An *weißen* Blutzellen sind bisher nur wenige Daten gewonnen worden; Endres und Herget[4] fanden folgende Zahlen an Zellen aus Pferdeblut (mg je 100 ccm):

| | Cl | $HCO_3$ | $HPO_4$ | Na | K | Ca |
|---|---|---|---|---|---|---|
| Leukocyten. . . . . . | 228—260 | 4 | 87—108 | 240—293 | 85—96 | 5—9 |
| Thrombocyten . . . . | 238—287 | 8 | 76—91 | 273—301 | 51—82 | 6—11 |

Sie entsprechen einem Anionendefizit von etwa 35% der gesamten Äquivalentsumme der Kationen. Berthier[7] gab für das Kalium der Leukocyten die Zahl

---

[1] Geiger: Boll. Soc. Biol. sper. **2**, 7 (1927).     [2] Bär: Endocrinology **1**, 421 (1928).
[3] Kramer u. Tisdall: Zitiert auf S. 57, Fußnote 4.
[4] Endres u. Herget: Zitiert auf S. 57, Fußnote 6.
[5] Hamburger: Arch. néerl. Physiol. **2**, 636 (1918).
[6] Ege: Biochem. Z. **115**, 109, 175 (1921).
[7] Berthier: C. r. Soc. Biol. Paris **100**, 894 (1929).

50—60 mg% an. Nach Kay[1] enthalten die Leukocyten und Thrombocyten Phosphorsäureester noch in etwas größerer Menge als die Erythrocyten; sie sind durch Knochenfermente spaltbar.

## C. Mineralbestand im Gesamtblut.

Verständlicherweise sind viele Analysen älteren und neueren Datums, besonders bei klinischen Fragestellungen mit beschränkter Materialmenge, an Proben des *Gesamtblutes* ausgeführt worden, ohne daß vorher die Trennung von Körperchen und Plasma oder Serum erfolgte. Zahlreiche Arbeiten, die Änderungen an Mineralstoffen, z. B. Calcium oder „säurelöslichem Phosphor", in krankhaften Zuständen usw. verfolgen, stützen sich auf Befunde am Vollblut. Dies ist nicht in allen Fällen unbedenklich; z. B. kann bei Calcium, von dessen Gesamtmenge die Blutzellen nur einen kleinen Bruchteil enthalten, eine Veränderung der allein wichtigen Plasmakonzentration durch Schwankungen der Blutkörperchenmenge im Blute vorgetäuscht oder verhüllt sein, und gleiches gilt natürlich auch für Substanzen mit umgekehrter Verteilung, wie Kalium oder Esterphosphat. Unter der stillschweigenden oder besonders geprüften Voraussetzung, daß erhebliche Abweichungen in dem Gesamtkörperchenvolumen gegenüber der Norm nicht bestehen, sind jedoch auch solche Analysenergebnisse verwertbar.

An gesunden Erwachsenen ermittelten Kramer und Tisdall[2] folgende Zahlen im Gesamtblut:

**Tabelle 4.**

| | Zahl der analysierten Fälle | Minimum | Maximum | Mittel |
|---|---|---|---|---|
| Na . . . . . . . . . | 7 | 168 | 220 | 196 |
| K . . . . . . . . . | 13 | 153 | 202 | 182 |
| Ca . . . . . . . . | 7 | 5,3 | 6,7 | 5,7 |
| Mg . . . . . . . | 8 | 2,3 | 4,0 | 3,2 |

Für Calcium fand Jansen[3] meist etwas höhere Werte: 7,0—7,8 mg%. Die Zahl für Magnesium (3,3) geben auch Weissbein und Aufrecht[4] an, deren übrige Werte von diesen Zahlen und aller Wahrscheinlichkeit weitab liegen. Nur für das Chlorid dürfte ihre Zahl von 295 mg% dem normalen Durchschnitt gut entsprechen; Koning[5] gab dafür Werte zwischen 253 und 317 mg% an, Högler und Ueberrack[6] 212—253 (bei Nierenkranken 189—235). Angaben über den Kalium- und Calciumgehalt bei Neugeborenen und ihren Müttern finden sich bei Krane[7].

Am Gesamtblut von Hunden ermittelten E. G. Gross und Underhill[8] folgende Zahlen:

$$\begin{array}{ll} \text{Na} & 301\text{—}315 \text{ mg\%} \\ \text{K} & 25\text{— }32 \quad ,, \\ \text{Ca} & 5,3\text{—}5,9 \quad ,, \\ \text{Mg} & 4,6\text{—}5,9 \quad ,, \\ \hline \text{Cl} & 296\text{—}330 \text{ mg\%} \\ \text{(Gesamt-P} & 108\text{—}125 \quad ,, \quad ) \end{array}$$

---


[1] Kay: Brit. J. exper. Path. **7**, 177 (1926).
[2] Kramer u. Tisdall: Zitiert auf S. 57, Fußnote 4.
[3] Jansen: Dtsch. Arch. klin. Med. **144**, 14; **145**, 209 (1924).
[4] Weissbein u. Aufrecht: Internat. Beitr. Path. u. Ther. **4**, 22 (1912).
[5] Koning, J. W.: Dissert. Amsterdam 1918 (nach Malys Jber. Tierchem. **1918**, 172).
[6] Högler u. Ueberrack: Biochem. Z. **150**, 18 (1924).
[7] Krane: Z. Geburtsh. **97**, 22 (1930).
[8] Gross, E. G. u. Underhill: J. of biol. Chem. **54**, 105 (1922).

Am Leichenblut kranker Menschen führten ältere Analysen von DENNSTEDT und RUMPF[1] zu folgenden Zahlen:

| Nr. | Fall | Wasser % | Cl mg% | Na mg% | K mg% | Ca mg% | Mg mg% |
|---|---|---|---|---|---|---|---|
| I. | Diabetes mellitus, Tod im Koma . . . | 79,1 | 384 | 188 | 144 | 15 | 5 |
| VII. | Diabetes mellitus, Tod im Koma . . . | 73,3 | 202 | 98 | 228 | 27 | 6 |
| III. | Lungengangrän nach Diabetes . . . . | 80,3 | 184 | 131 | 211 | 15 | 5 |
| VI. | Perniziöse Anämie, sehr mager . . . . | 90,1 | 332 | 136 | 79 | 12 | 3 |
| II. | Chronische Nephritis, Herzhypertrophie, Arteriosklerose . . . . . . . . . | 75,5 | 125 | 95 | 103 | 4 | 2 |
| IX. | Herzhypertrophie, Arteriosklerose, Tod durch Aortenriß . . . . . . . . | 79,1 | 107 | 168 | 186 | 9 | 7 |
| IV. | Alkohol, Fettleber, Endocarditis chronica . . . . . . . . . . . . . . | 83,5 | 180 | 152 | 156 | 18 | 8 |
| V. | Kind, tot geboren, 3770 g . . . . . . | 77,3 | 361 | 182 | 123 | 25 | 9 |
| VIII. | Frühgeburt, 2950 g . . . . . . . . | 80,1 | 267 | 149 | 166 | 17 | 6 |

Ob die Zahlen alle hinreichend exakt ermittelt sind, mag fraglich sein; z. B. erweckt Fall VI Bedenken, dessen Chloridvalenzen weit größer sind als die Summe der Basenvalenzen. Jedoch ist eine ähnlich umfassende Analysenreihe von menschlichen Leichen sonst nicht bekannt; deshalb mögen die Zahlen bis auf weiteres noch angeführt werden.

Recht bemerkenswert sind die Befunde, die über die Variationen der „*Blutphosphate*", d. h. vor allem Verschiebungen zwischen anorganischem Salz und Estern unter verschiedenen Bedingungen erhoben worden sind. H. LAWACZECK[2] fand im hämolysierten Blut nicht nüchterner kranker Menschen bei 36—37° eine Abnahme der freien Phosphorsäure — also eine Synthese von Estern —, bei 44—45° das Umgekehrte. Vermehrung des Wassers, der Kohlensäure oder des Chlorids begünstigte die Spaltung, Alkali oder Phosphatzusatz die Synthese; Glykosezusatz war ohne Einfluß, auch waren die in Frage kommenden Ester keineswegs nur Hexosephosphorsäure. Nach Einnahme großer Mengen von Ammonchlorid mit folgenden Acidoseerscheinungen fand KAY[3] am Menschen einen leichten Anstieg des anorganischen Blutphosphats, dem ein Abfall folgte, während die durch Knochenferment *nicht* spaltbare Esterfraktion von 40 auf 26 mg in 100 ccm Blutkörperchen absank, um später wieder zur Norm anzusteigen; die spaltbare Esterfraktion blieb konstant. Auch HALDANE, WIGGLESWORTH und WOODROW[4] beobachteten unter gleichen Bedingungen Verminderung des Esterphosphats. Bei rachitischen Tieren ist nach DEMUTH[5] die Esterspaltung im Blute erheblich vermehrt.

## Seltenere Mineralien des Blutes[6].

Es ist ein selbstverständliches Postulat, daß im Blut auch anorganische Stoffe zu finden sind, die zwar als solche keine bestimmte Funktion in dem die Gewebszellen umspülenden Medium haben, die aber dem allgemeinen Transport von einer Stelle zur anderen, mindestens von den Resorptions- zu den Ausscheidungsorganen unterliegen. Solche Stoffe können durchaus zu den lebens-

---

[1] DENNSTEDT u. RUMPF: Jb. Hamb. Staatskrankenanst. **7 II** (= Mitt. Hamb. Staatskrankenanst. **3**), 1 (1899—1900).

[2] LAWACZECK, H.: Biochem. Z. **145**, 351 (1924).     [3] KAY: Biochemic. J. **18**, 1133 (1924).

[4] HALDANE, WIGGLESWORTH u. WOODROW: Proc. roy. Soc. Lond., Ser. B., **96** (NrB 672), 1 (1924).

[5] DEMUTH: Biochem. Z. **159**, 415 (1925).

[6] Eine gute Zusammenstellung der Befunde über „weniger verbreitete Elemente" in tierischen Organismen hat KARL SPIRO gegeben: Erg. Physiol. **24**, 474 (1925). McHARGUE hat in einer Reihe von Veröffentlichungen das Vorkommen von Kupfer, Mangan und Zink bei Pflanzen und Tieren behandelt: J. agricult. res. und Amer. J. Physiol. **1924** bis **1926**.

wichtigen gehören, insofern sie für den Aufbau aller oder einzelner Zellarten unentbehrlich sind; dazu ist das *Eisen* zu rechnen, das ja in fester *organischer* Bindung in den Blutkörperchen reichlich vorhanden ist, das aber auch in locker gebundener Form nicht fehlt: 5—6% des gesamten Eisens der Blutzellen von Rindern und Pferden ist *kein* Hämoglobineisen[1]. In der Blutflüssigkeit ist die Eisenmenge sehr gering: FONTES und THIVOLLE[2] fanden im Pferdeserum, das absolut hämoglobinfrei gewonnen war, 0,2; ABDERHALDEN und MÖLLER[3] 0,1; WARBURG und KREBS[4] in Menschenserum 0,07 mg% Fe; in einem bestimmten Volumen Blut findet sich also rund ein Zwanzigstel des Hämoglobineisens in lockerer Bindung in den Zellen, davon wiederum etwa ein Zwanzigstel in der Blutflüssigkeit.

Bei einem zweiten Aderlaß des gleichen Tieres — also in einer Periode lebhafter Blutregeneration — fanden FONTES und THIVOLLE nur die Hälfte, etwa 0,1 mg% Fe, im Serum. (Übrigens ist nach ihren Mitteilungen nicht völlig deutlich erkennbar, ob ihre Zahlen sich auf ein Liter Serum oder ein Liter *Blut* beziehen; falls das letztere zutrifft, würde Serumkonzentration und Verhältnis zum Hämoglobineisen etwa auf das Doppelte zu erhöhen sein.)

Die Zahlen von MCHARGUE, HEALY und HILL[5] sind sicher zu hoch. Auch Kupfer findet sich in der Blutflüssigkeit[6], und zwar nach OTTO WARBURG[7] ebenfalls 0,1—0,2 mg% (im Menschenserum). Bei 10 nüchternen Personen lagen die Werte zwischen 0,06 und 0,12 um das Mittel 0,09 mg% Cu herum[8]. Höhere Zahlen fanden sich bei Schwangerschaft (0,19 mg%), Tuberkulose, akuten Infekten, Leukämie, Asthma; niedrigere bei nekrotischen Erkrankungen; Normalwerte bei Kreislauf-, Stoffwechsel- oder Magendarmkrankheiten. Im Serum von Rindern[5], Hunden, Kaninchen, Meerschweinchen, Ratten und Fröschen[7] konnte etwa die gleiche Menge Cu wie beim Menschen nachgewiesen werden. Bei Vögeln (Gans, Huhn, Taube) lagen die Zahlen tiefer, nämlich zwischen 0,01 und 0,04 mg%; sie stiegen im Gegensatz zum Eisen beträchtlich bei künstlicher Anämisierung. ABDERHALDEN und MÜLLER[9] ermittelten im Pferdeserum 0,19—0,21 mg% Cu, MCHARGUE, HEALY und HILL[5] in *Trockenserum* vom Rind 4,4 mg%, was 0,4 mg% für frisches Serum entsprechen würde und ebenfalls recht hoch erscheint.

Von *Zink* fanden ROST und WEITZEL[10] im Blut eines Rindes 0,6 mg%, DELEZENNE[11] 2—3 mg%, und zwar vornehmlich in den Blutzellen, insonderheit den weißen; MCHARGUE, HEALY und HILL[5] fanden etwa 1 mg% sowohl im Serum wie in den Zellen. *Mangan* ist in viel geringerer Menge vorhanden ebenfalls an die Blutkörperchen gebunden, nach BERTRAND und MEDIGRECEANU[12] etwa zu 0,002 mg%. Demgegenüber beträgt der Gehalt des Blutes an *Aluminium* nach

---


[1] BARKAN: Hoppe-Seylers Z. **148**, 124 (1925).

[2] FONTES u. THIVOLLE: C. r. Soc. Biol. Paris **93**, 687 (1925).

[3] ABDERHALDEN u. MÖLLER: Hoppe-Seylers Z. **176**, 95 (vgl. dazu BARKAN); **177**, 205 (1928).

[4] WARBURG u. KREBS: Biochem. Z. **190**, 143 (1927).

[5] MCHARGUE, HEALY u. HILL: J. of biol. Chem. **78**, 637 (1928).

[6] DESGREZ u. MEUNIER: Zitiert nach OTTO WARBURG: Chem. Zbl. **1920 IV**, 426.

[7] WARBURG, OTTO: Klin. Wschr. **1927**, 1094. — WARBURG, OTTO, u. KREBS: Biochem. Z. **190**, 143 (1927).

[8] KREBS: Klin. Wschr. **1928**, 584.

[9] ABDERHALDEN u. MÜLLER: Hoppe-Seylers Z. **176**, 95 (1928).

[10] ROST u. WEITZEL: Arb. Reichsgesdh.amt **51**, 494 (1919). — ROST: Ber. dtsch. pharmaz. Ges. **29**, 549 (1919).

[11] DELEZENNE: Ann. Inst. Pasteur **33**, 68 (1919).

[12] BERTRAND u. MEDIGRECEANU: Ann. Inst. Pasteur **26**, 1013; **27**, 1, 282 (1913) -- C. r. Acad. Sci. Paris **154**, 941 (1912). — Vgl. auch MCHARGUE u. Mitarbeiter: Zitiert diese Seite, Fußnote 5.

Wiechowski[1] mehr als 4 mg%. *Arsen* soll sich vor allem im Menstrualblut finden[2].

Von metalloiden Elementen sind vornehmlich die drei Halogene außer Chlor zu nennen: *Brom, Fluor* und *Jod*. Brom ermittelte Damiens[3] zu 0,4 mg% im Blut und 0,6 mg% im Serum eines Hundes. Später fanden Bernhardt und Ucko[4] im menschlichen Blut 1—1,5 mg-%, im Hundeblut 0,6—1,7, im Serum 0,8 mg%. *Fluor* bestimmten Zdarek[5] und Gautier[6] zu $^1/_2$ mg% im menschlichen Blute. Nach Stuber und Lang[7] kommt bei Hämophilie bis zu 4 mg% F im Blute vor. Auch fanden diese Autoren regionäre Unterschiede, die vermutlich mit der Ernährungsweise zusammenhängen; sie laufen mit Differenzen der Gerinnungsfähigkeit des Blutes einher. Im langsam gerinnenden Gänseblut[8] wurde relativ viel (bis 1,5 mg% F), im rasch gerinnenden Katzen- und Hundeblut kein Fluor gefunden. Über *Jod* ist schon länger bekannt, daß es im Blute nachweisbar ist: Gley und Bourcet[9] fanden 0,002 mg% als (wahrscheinlich) organisch gebunden in den Leukocyten. Neuere Untersuchungen von Veil und Sturm[10] ergaben im Durchschnitt bei 450 Blutproben vom Menschen 0,013 mg% J, in den Sommermonaten mehr, im Winter weniger; Plasma und Körperchen enthielten etwa gleichviel; vom Gesamtjod waren etwa zwei Drittel organisch gebunden, d. h. unlöslich in Alkohol.

Schwierig ist das Urteil darüber, in welchen Mengen *Kieselsäure* im Blute vorkommen kann; nach Gonnermann[11] soll sie ausschließlich im Serum zu finden sein, und zwar recht reichlich (bis 30 mg% $SiO_2$), doch sind Zweifel an der gebrauchten Methodik erlaubt. Die Frage ist noch nicht erledigt.

Zu den ungelösten Problemen gehört es auch für eine Reihe dieser selteneren Mineralstoffe, ob sie sich im Körper, speziell im Blute, *zufällig* befinden oder ob sie eine biologische Bedeutung besitzen. Es ist ja selbstverständlich, daß alle Elemente, die sich in unseren *Nahrungsmitteln* finden, auch durch den Körper wandern und in kleinen Mengen in den Teilen des Körpers nachweisbar sein müssen. Aus dem Erdboden nehmen die Pflanzen allerlei Mineralien auf, wobei die Frage offen bleiben mag, *welche* Elemente für *sie* biologisch unentbehrlich sind; für Einzelfälle bestehen wohl auch hier noch gewisse Zweifel, wo es sich um Elemente handelt, von denen nur Spuren in Betracht kommen. Auch bei der Verarbeitung der Nahrungsmittel können neue Mineralstoffe zugefügt werden, z. B. das Metall von Konservenbüchsen, das Kupfer, das zum Spritzen der Reben, zur Grünfärbung der jungen Konservengemüse verwandt wird[12], das Brom, das als Bromat dem Mehl zur Steigerung seiner Backfähigkeit zugesetzt wird, das Aluminium vieler Backpulver usw. mehr. Es ist also praktisch unmöglich, eine Nahrung zu genießen, in der nicht alle möglichen Elemente, mindestens spurenweise, vorhanden wären.

Die *Gegenwart* eines bestimmten Elementes in einem Organismus beweist sicherlich an sich noch gar nichts zugunsten seiner Bedeutung für diesen. Ver-

[1] Wiechowski: Münch. med. Wschr. **1921**, 1082. — Vgl. auch Gonnermann: Biochem. Z. **88**, 401 (1918).

[2] Gautier, A.: C. r. Acad. Sci. Paris **131**, 361 (1900).

[3] Damiens: C. r. Acad. Sci. Paris **171**, 930 (1920).

[4] Bernhardt u. Ucko: Biochem. Z. **155**, 174 (1925); **170**, 459 (1926).

[5] Zdarek: Hoppe-Seylers Z. **69**, 127 (1910).   [6] Gautier: C. r. Acad. Sci. Paris **157**, 94 (1913).

[7] Stuber u. Lang: Z. klin. Med. **108**, 423 (1928) — Biochem. Z. **212**, 96 (1929).

[8] Vgl. auch Taege: Münch. med. Wschr. **1929**, 714.

[9] Gley u. Bourcet: C. r. acad. Paris **130**, 1721; **131**, 392; **132**, 1587; **135**, 185 (1900).

[10] Veil u. Sturm: Dtsch. Arch. klin. Med. **147**, 166 (1925).

[11] Gonnermann: Biochem. Z. **88**, 401 (1918).

[12] Vgl. dazu unter anderem H. Bassermann: Inaug.-Dissert. Straßburg 1912. — Spiro, K.: Münch. med. Wschr. **1915**, 1601.

mutlich kann man eine solche ablehnen für das *Bromid*, das spurenweise in den Körperflüssigkeiten vorhanden ist. Da es sich im Körper dem Chlorid außerordentlich ähnlich verhält und es außerhalb des Körpers ebenfalls das Chlorid ständig begleitet, z. B. in allen gewöhnlichen Kochsalzsorten, so *kann* es in den Körperflüssigkeiten gar nicht fehlen. Ob man diesen Bromgehalt einen „physiologischen" nennen und in prinzipiellen Gegensatz zu dem nach medikamentöser Bromidzufuhr vorhandenen stellen darf, wie BERNHARDT und UCKO[1] wollen, scheint doch recht zweifelhaft. BALDAUF und PINCUSSEN[2] glauben sogar gewisse gesetzmäßige Beziehungen in dem Verhältnis der Brom- und Jodmengen des Blutes annehmen zu dürfen.

Andererseits muß man freilich damit vorsichtig sein, die biologische Bedeutung eines Elements nur aus dem Grunde abzulehnen, weil seine Gegenwart aus der Ubiquität seiner Existenz, speziell der Nahrung, leicht erklärlich ist. ROST[3] hatte sich z. B. durchaus berechtigterweise, d. h. mit guten Gründen, auf den Standpunkt gestellt, daß das Vorkommen von *Zink* in Blut und Organen physiologisch bedeutungslos sei. Später führte jedoch G. BERTRAND[4] mit seinen Schülern BENZON und NAKAMURA Versuche an Mäusen aus, denen lange Zeit eine sorgfältig von Zink befreite Nahrung gereicht wurde; freilich mußte dabei auch ein Mangel an Vitaminen in dieser Nahrung in Kauf genommen werden; dennoch ließen sich Unterschiede gegenüber gleichaltrigen Tieren feststellen, die außerdem etwas Zink erhielten: Die Dauer des Überlebens bei der unvollkommenen Nahrung war erheblich verlängert. Es ist deshalb heute schwer, dem Zink jede biologische Bedeutung auch für Säugetiere abzusprechen, mag auch ein endgültiges Urteil noch ausstehen.

Ähnlich liegen die Dinge bei Aluminium, für das WIECHOWSKI[5] aus dem relativ hohen Gehalt des Blutserums eine Lebenswichtigkeit erschlossen hat — bei Kupfer, Mangan, Arsen und Fluor. Bei den genannten Metallen wird man natürlich an gewisse katalytische Funktionen denken müssen[6]. In dieser Hinsicht ist es interessant, daß die Sauerstoff bindenden und übertragenden Komplexverbindungen schon im *Blute* verschiedener Tierklassen *verschiedene* Metalle als Zentralatome führen, z. B. das Hämocyanin der Krebse usw. *Kupfer*, der Blutfarbstoff der Ascidien *Vanadium*[7]. *Gewiß* ist es für das Eisen, Jod und die Kieselsäure, daß sie für den Aufbau und die Funktion verschiedener Gewebe unentbehrlich sind. Ihr Transport und demnach auch ihr Vorkommen im Blute entspricht also ebenfalls einem biologischen Bedürfnis.

## D. Mineralbestand der festen Körpergewebe.

Wie bereits oben (S. 7) ausgeführt wurde, geben die Analysen von Körpergewebe auf Mineralsubstanz immer nur *Mischwerte*; ihr Gehalt an Blut und der dem Blutplasma ähnlich zusammengesetzten Intercellularflüssigkeit entstellt die Werte, die den Gewebs*zellen*, also den für das Gewebe charakteristischen Elementen, zukommen würden. Auch ist es nicht immer leicht, ohne Veraschung, d. h. ohne künstliche Erzeugung von Carbonaten, Phosphaten und Sulfaten einem

---

[1] BERNHARDT u. UCKO: Biochem. Z. **155**, 174 (1925).

[2] BALDAUF und PINCUSSEN: Klin. Wschr. **9**, 1505, 1825 (1930).

[3] ROST: Ber. dtsch. pharmaz. Ges. **29**, 563, 568 (1919).

[4] BERTRAND, G.: C. r. Acad. Sci. Paris **175**, 289 (1922); **179**, 129 (1924) — Bull. Soc. sci. Hyg. aliment. Paris **12**, 15 (1924) — Bull. Soc. Chim. biol. Paris **6**, 203 1924) — Ann. Inst. Pasteur **38**, 405 (1924).

[5] WIECHOWSKI: Zitiert auf S. 62, Fußnote 1.

[6] Vgl. OTTO WARBURG: Klin. Wschr. **1927**, 1094.

[7] HENZE: Hoppe-Seylers Z. **72**, 494 (1911); **79**, 215 (1912).

Gewebe die Mineralstoffe zwecks Analyse zu entziehen. So versteht es sich auch wohl, daß Analysen *derselben* Gewebsart an verschiedenen, auch symmetrischen Stellen des gleichen Individuums zuweilen recht erstaunliche Differenzen im Gehalt an verschiedenen Mineralien erkennen lassen[1]. (Vgl. S. 76, 91.)

Exaktere Ermittlungen über die lokale Verteilung von Mineralstoffen im Gewebe, insonderheit innerhalb der einzelnen Zellen, erhoffte Raphael Liesegang[2] von der Methode der vorsichtigen Veraschung von Gewebsschnitten, doch ohne ein weiteres Ergebnis als dem Nachweis schwererer Veraschbarkeit der phosphorreichen Gewebsteile (Zellkerne, Nervengewebe). Auch Policard[3] kam später mit dem gleichen Verfahren nicht sehr weit über solche allgemeinsten Feststellungen hinaus, die bereits auf anderem Wege ebenfalls erfolgt waren. Bemerkenswert ist jedoch, daß er in den *Kernen* von Erythrocyten und Epithelzellen des Frosches sowie von Makrophagen aus Rattenmilzen reichlich *Calcium* nachwies, das im Protoplasma nahezu fehlte. Dagegen waren die einwertigen Alkalimetalle im Protoplasma festzustellen. In Pigmentzellen fand Policard ziemlich viel Eisen[4].

### Zähne und Knochen.

Relativ klare Verhältnisse in bezug auf die Mineralstoffe findet man erst wieder da, wo sie einen beträchtlichen Teil der festen Struktur ausmachen, so daß die Mineralstoffe der Zwischenzellflüssigkeit quantitativ stark zurücktreten. Am reinsten ist das in den Zähnen, ganz besonders im Zahnschmelz der Fall: dessen Gehalt an Wasser und organischer Substanz beträgt nur einige Prozente, so daß man ihn als ein fast ganz mineralisches Sekretionsprodukt ansehen kann. Beim Dentin ist die organische Substanz sehr viel beträchtlicher, und gleiches gilt für die Knochensubstanz, schon für die Compacta, viel mehr natürlich für die Spongiosa. Im ganzen scheint die Zusammensetzung der in festem Zustand ausgeschiedenen Salzkrystalle überall in diesen Geweben sehr ähnlich zu sein; in den Gewebs*aschen* gesellen sich verständlicherweise zu diesen Bestandteilen um so mehr solche, die — wie die einwertigen Alkalien usw. — im lebendigen Gewebe gelöst vorhanden sind, je größer der Anteil weichen Gewebes an der Gesamtmasse ist. Immerhin überwiegen die auskrystallisierten Salze an Menge so stark, daß der durch die Salze der Grundsubstanzen und andere beigemengte Gewebsarten bedingte Fehler klein ist und meist vernachlässigt werden kann.

Die Variationen der Knochenasche bewegen sich rund zwischen 30 und 55% bei 45—15% Wassergehalt und 30—15% organischer Substanz im frischen Knochengewebe. Trockenes Dentin enthält etwa 27% organische Substanz, Zahnschmelz nur etwa 5%.

Die krystallisiert ausgeschiedenen Salze stehen natürlich im Gleichgewicht mit ihren gesättigten Lösungen, die in unmittelbarer Nachbarschaft der Krystalle existieren müssen; freilich liegen die Verhältnisse nicht ganz einfach, und zwar sind zunächst besonders *zwei* Momente dabei zu beachten. Unter den im Organismus herrschenden Bedingungen können sich eine ganze Zahl *verschiedener* Salze in festem Zustande ausscheiden: Calciumphosphat, Magnesiumphosphat, Calciumcarbonat, Magnesiumcarbonat und Calciumfluorid. Bei den Carbonaten und Phosphaten hängt die „Löslichkeit" in hervorragendem Maße von der Reak-

[1] Vgl. z. B. Heubner u. Rona: Biochem. Z. **135**, 248 (1923). — Boutiron u. Genaud: C. r. Soc. Biol. Paris **99**, 1730 (1928).

[2] Liesegang, Raphael: Biochem. Z. **28**, 413 (1910).

[3] Policard: C. r. Acad. Sci. Paris **176**, 1012, 1187 (1923) — C. r. Soc. Biol. Paris **89**, 533 (1923) — Bull. Histol. appl. **5**, 260 (1928) nach Péterfis Ber. **9**, 541 (1929).

[4] Vgl. auch N. Seifert: Schweiz. med. Wschr. **1924**, Nr. 34, sowie K. Spiro: Erg. Physiol. **24**, 474; 512ff. (1925).

tion, also der Wasserstoffzahl des Mediums, ab; leichte Verschiebungen dieser Größe genügen, um eine Überschreitung der kleinsten Löslichkeitsprodukte der vorhandenen Calcium- und Säureionen (bzw. ihrer aktiven Massen) zu bewirken. Wird aber diese Grenze erreicht, so kommt noch ein zweites Moment in Frage, das von LICHTWITZ[1] aufgezeigt worden ist, nämlich der *Kolloidschutz* der zur Bildung von festen Krystallen bereiten Salzteilchen[2]. Mag auch gerade bei Calciumsalzen und Eiweiß die beiderseitige Neigung zur echten Komplexbildung die Entscheidung sehr schwierig machen, wo diese aufhört und wo der „Kolloidschutz" durch Besetzung von Oberflächen submikroskopischer Teilchen anfängt, mag auch vielleicht eine wirkliche Grenze dieser beiden „Verbindungsformen" in letzter Instanz gar nicht gezogen sein, so sind doch die Befunde der Kolloidchemiker an durchsichtigeren Systemen auf der einen Seite und die von LICHTWITZ bei pathologischen Verkalkungsformen aufgefundenen Analogien auf der andern Seite so schlagend, daß für *jede* Verkalkung im Körper dieses Moment mit ins Auge zu fassen ist. Es bedeutet Erschwerung der Bildung fester Krystalle in den Medien mit *gut* schützenden (im allgemeinen hochdispersen) Kolloiden, eine leichtere Krystallisation in den Medien mit wenig schützenden (im allgemeinen gröber dispersen) Kolloiden.

Überall also, wo die Wasserstoffzahl erniedrigt oder (und) wo die Dispersität der Gewebskolloide verringert ist, wird die Abscheidung fester Kalksalze aus der Gewebsflüssigkeit begünstigt. Diese beiden sehr allgemeinen Einflüsse, die sich nach allen Erfahrungen im Organismus von Ort zu Ort, von Scheidewand zu Scheidewand merklich ändern, schalten sich demnach zwischen die einfache Abhängigkeit von Löslichkeitsprodukt und Bodenkörper ein und lassen allein schon alle Ableitungen, die vom Schema eines homogenen oder höchstens diphasischen Systems ausgehen, als höchst unvollkommene Nachbildung des tatsächlich in den Geweben vor sich gehenden Geschehens erscheinen.

Zu ihnen gesellen sich jedoch noch spezifischere Komplikationen: die die Löslichkeitsprodukte bildenden aktiven Massen sind ja keineswegs immer und überall konstant, sondern können einem Wechsel auch durch *Neubildung an bestimmten Orten* unterliegen. Für die Kationen Calcium und Magnesium sollte man auf Grund der mit der Serumdialyse gewonnenen Erfahrungen[3] freilich annehmen, daß sie in einfachem Gleichgewicht mit den Verbindungen stehen, in denen die Metalle komplex gebunden sind, daß also von diesen aus das Löslichkeitsprodukt der in der Blut- und Gewebsflüssigkeit vorhandenen aktiven Massen nicht weiter berührt wird. (Der Begriff „aktive Masse" schließt ja bereits die Berücksichtigung anderweitiger Bindungen eines Teiles der vorhandenen Metalle in sich.) Jedoch verdient es in diesem Zusammenhang Beachtung, daß man[4] durch 2% Glykokoll dem Knochen Calcium entziehen kann (19% in 5 Tagen). — Die Bildung von Kohlensäure in den Geweben dürfte sich nach unseren heutigen Kenntnissen im wesentlichen in einer Vermehrung der Wasserstoffzahl und kaum in einer Änderung der Bicarbonatkonzentration auswirken.

Dagegen sind für das *Phosphat* durch ROBISON[5] Befunde bekannt geworden, die die Möglichkeit einer unmittelbaren lokalen Konzentrationserhöhung, und

---

[1] LICHTWITZ: Dtsch. med. Wschr. **1910**, 704 — Verh. dtsch. Ges. inn. Med. **29**, 516 (1912) — Über die Bildung der Harn- und Gallensteine. Berlin: Julius Springer 1914.

[2] Vgl. auch MARC: Z. physik. Chem. **68**, 104 (1909); **73**, 685 (1910).

[3] Vgl. oben S. 36.

[4] SCHWARZ, EDEN u. HERRMANN: Biochem. Z. **149**, 100 (1924).

[5] ROBISON: Biochemic. J. **17**, 286 (1923), **18**, 1161 (1924), **19**, 153 (1925). — ROBISON u. SOAMES: Ebenda **18**, 740 (1924). — KAY u. ROBISON: Ebenda **18**, 755 (1924). — MARTLAND, M. u. ROBISON: Ebenda **18**, 1354 (1924). — KAY: Brit. J. exper. Path. **7**, 177 (1926).

damit einer lokalen Überschreitung der Löslichkeitsgrenze des Calciumphosphats naherücken: nämlich die Existenz von *Fermenten*, die Phosphorsäureester spalten. Ihr Vorkommen in der jugendlichen Knochensubstanz spricht vom teleologischen Gesichtspunkt aus sehr zugunsten ihrer physiologischen Bedeutung.

Endlich ist als möglich anzuerkennen, daß neben den Lösungsgenossen des Calciums auch *fixe Bestandteile der Gewebe* mit ihm feste und schwer lösliche Verbindungen eingehen und mit den anorganischen Anionen in Konkurrenz treten können. Die einstmals von O. Klotz[1] geäußerte Meinung, daß bei der pathologischen Verkalkung intermediär die Ausscheidung von *Kalkseifen* hochmolekularer Fettsäuren erfolge, gilt seit H. G. Wells[2] als widerlegt; dennoch ist es vielleicht nicht ganz ausgeschlossen, daß unter bestimmten Umständen Kalkseifen eine Rolle spielen. Auch sieht es so aus, als seien gewisse Eiweißstoffe fähig, Calcium durch besondere Affinitätskräfte zu binden. So haben z. B. Haurowitz und Braun[3] nachweisen können, daß die sog. *Leukome* der Hornhaut nach Kalkverletzung des Auges durch Umwandlung eines *bestimmten* Mucoids der Hornhautgrundsubstanz nach vorübergehender Anlagerung von Calcium entstehen. Offenbar findet eine Art Bindung von Calcium auch im Knorpel statt, für den — nach vorläufigen Ermittlungen von Pfaundler[4] und Wells[2] — Freudenberg und György[5] Befunde beibrachten, nach denen er aus löslichem Calciumsalz Calcium an sich zieht und nach Art einer echten chemischen Bindung festhält; ebenso verhält sich Knochensubstanz. Bedenken gegen die Argumentation der genannten Autoren hat Liesegang vorgebracht, allerdings in einer zweiten Mitteilung gemildert[6]. Rabl[7] und Eden[8] haben im Prinzip sich Freudenberg und György angeschlossen.

*Welche* von den erwähnten Einflüssen und Kräften im Einzelfalle das Ausmaß der Ausscheidung der Kalksalze beherrschen, dürfte heute noch recht schwer zu übersehen sein[9]. Die besondere Natur der an der Stelle der Abscheidung vorhandenen fixen und gelösten Gewebsbestandteile, in Grundsubstanz wie Zellen, ist dabei nicht zu übersehen, denn diese „besondere Natur" drückt sich ja gerade im Chemismus aus. Das Spiel der Osteoblasten und Osteoklasten am Knochen, der Dentinzellen am Zahn usw. ist ja offensichtlich imstande, an Ort und Stelle, wo der Übergang des gelösten Salzes zum Krystall und evtl. umgekehrt erfolgt, *besondere* und andere Bedingungen zu schaffen, als sie allgemein in der Gewebsflüssigkeit und den von ihnen bespülten Gewebselementen gegeben sind.

Daher ist auch die Möglichkeit der *Auflösung* fester Salze im lebenden Knochengewebe usw. in ganz anderem Ausmaße gegeben, als z. B. in verkalkten nekrotischen Herden ohne (organischen) Stoffwechsel, worauf Lichtwitz[10] schon vor längerer Zeit aufmerksam gemacht hat. Doch besitzen im allgemeinen pathologische Verkalkungsherde die *gleiche* analytische Zusammensetzung wie die Knochensalze[11], worin sich wiederum die Gleichartigkeit der humoralen Milieubedingungen auswirkt.

---

[1] Klotz, O.: J. of exper. Med. **7**, 633 (1905).

[2] Wells, H. G.: J. med. Res. **14**, 491 (1905—1906); **17**, 15 (1907); **22**, 501 (1910).

[3] Haurowitz u. Braun: Hoppe-Seylers Z. **123**, 79 (1922) — Klin. Mbl. Augenheilk. **70**, 157 (1923).

[4] Pfaundler: Jb. Kinderheilk. **60**, 123 (1904).

[5] Freudenberg u. György: Biochem. Z. **110**, 299 (1920); **115**, 96 (1921); **118**, 50 (1921); **129**, 138 (1922); **142**, 407 (1923); **147**, 191 (1924) — Erg. inn. Med. **24**, 17 (1923) — Verh. dtsch. Ges. inn. Med. **36**, 35 (1924).

[6] Liesegang: Biochem. Z. **145**, 96; **149**, 605 (1924).

[7] Rabl: Klin. Wschr. **1923**, 1644 — Virchows Arch. **245**, 542 (1923).

[8] Eden: Klin. Wschr. **1923**, 1798.

[9] Vgl. jedoch die Theorien bei Freudenberg und György, Zitiert Fußnote 5. — Ferner Klinke: Erg. Physiol. **26**, 288 (1928). — Lichtwitz: Klin. Chemie, 2. Aufl., 613 (1930).

[10] Lichtwitz: Bildung der Harn- und Gallensteine, S. 27. Berlin: Julius Springer 1914.

[11] Vgl. z. B. Kramer u. Shear: J. of biol. Chem. **79**, 121 (1928).

Bei dieser Sachlage ist es wohl verständlich, daß die im Organismus ausgeschiedenen Kalksalze an verschiedenen Stellen, nach verschiedenen Zeiten, bei verschiedenem Stoffwechsel (Lebensalter, Ernährung u. dgl.) in ihrer Zusammensetzung *variabel* sind. Dennoch wird dadurch nicht ausgeschlossen, daß bei eintretendem Gleichgewicht zwischen allen beteiligten Kräften sich schließlich solche Kräfte behaupten, die den Krystallen unter den gegebenen Milieubedingungen die größte Stabilität geben, also die Richtungs- oder Gitterkräfte. Es kann kaum mehr ein Zweifel daran sein, daß unter ihrer Einwirkung für die Hauptmasse der Knochensalze ein *bestimmter* Krystalltypus erstrebt und oft schon sehr rasch erreicht wird, der *Apatit*typus. Nachdem sich GASSMANN[1] auf Grund der Analysen von Knochenaschen und auf Grund des glatten Ersatzes des darin enthaltenen Carbonats durch Chlorid für diese zuerst von HOPPE-SEYLER[2], später auch von A. WERNER[3] vertretene Auffassung eingesetzt hatte, scheint neuerdings der endgültige Beweis dafür durch die Aufnahme des Röntgenspektrums geliefert worden zu sein. R. GROSS[4] und V. M. GOLDSCHMIDT[5] ermittelten die Apatitstruktur im Zahnschmelz, JONG[6] im Knochen. Wie GOLDSCHMIDT ausführt, zeichnet sich diese Struktur vor gewöhnlichem Calciumphosphat dadurch aus, daß die Bildung saurer oder wasserhaltiger Salze sehr erschwert und damit die größte *Härte* der Krystalle garantiert ist; unter den Apatiten ist (wegen des geringen Ionenabstandes) der als Mineral sehr verbreitete *Fluor*apatit der härteste Krystall. Er besitzt die Formel

$$\left[ Ca \left( \begin{array}{c} PO_4 \diagup{}_{\diagdown}{}^{Ca}_{Ca} \\ PO_4 \diagdown{}^{Ca}_{Ca} \end{array} \right)_3 \right] F_2 \, .$$

Die Analysen von Knochenasche haben niemals soviel Fluor geliefert, wie dieser Formel entspricht (3,8%). In Zähnen fanden TREBITSCH[7] ebenso wie R. J. MEYER und W. SCHULZ[8] mit den besten zur Zeit verfügbaren Verfahren[8] zwischen 0,3 und 0,6% der *Trockensubstanz*. Die von TREBITSCH angeführten früheren Analysen sind wegen der Schwierigkeit der Bestimmungsmethoden vorsichtig zu bewerten; doch fanden MICHEL[9] in der Trockensubstanz, HEMPEL und SCHEFFLER[10] sowie JODLBAUER[11] in der Asche von Zähnen schon Werte in der gleichen Größenordnung. Wichtig ist die Angabe von BERTZ[12], daß er bei gleicher Analysenmethode im (getrockneten) *Schmelz* wesentlich mehr Fluor fand als im Dentin (1,2 gegen 0,7%). Es ist wohl nicht ausgeschlossen, daß die reinen Krystalle des Schmelzes zu einem sehr erheblichen Anteile, wenn nicht ganz, aus echtem Apatit bestehen.

Schon im Dentin ist der Anteil des Fluorapatits wohl wesentlich geringer und im Knochen spielt er quantitativ eine ganz nebensächliche Rolle, ohne freilich gänzlich zu fehlen[13]. An die Stelle der zwei Fluoratome können Chloratome

---

[1] GASSMANN: Hoppe-Seylers Z. **83**, 403 (1913); **90**, 250 (1914).
[2] HOPPE-SEYLER: Virchows Archiv **24**, 13 (1862).
[3] WERNER, A.: Ber. dtsch. chem. Ges. **40**, 4447, (1907).
[4] GROSS, R.: 1926. Zitiert nach V. M. GOLDSCHMIDT diese Seite, Fußnote 5.
[5] GOLDSCHMIDT, V. M.: Z. techn. Physik **8**, 251, 261 (1927).
[6] JONG: Recueil des traveaux chimiques des Pays-bas. **45**, 445 (1926) — nach Ronas Erg. Physiol. **37**, 271 (1926).
[7] TREBITSCH: Biochem. Z. **191**, 234 (1927).
[8] MEYER, R. I., v., u. W. SCHULZ: Z. angew. Chem. **38**, 203 (1925).
[9] MICHEL: Dtsch. Mschr. Zahnheilk. **1897**, 332.
[10] HEMPEL u. SCHEFFLER: Z. anorg. u. allg. Chem. **20**, 1 (1899).
[11] JODLBAUER: Z. Biol. **44**, 259 (1903).
[12] BERTZ: Chem. Zusammensetzung der Zähne. Dissert. Würzburg 1899.
[13] Vgl. CARNOT: C. r. Acad. Sci. Paris **114**, 1189 (1892). — BRANDL u. TAPPEINER: Z. Biol. **28**, 518 (1891). — GABRIEL: Z. analyt. Chem. **31**, 522 (1892); **33**, 53 (1894) — Hoppe-Seylers Z. **18**, 257 (1894).

oder die Radikale $SO_4$ oder $CO_3$ treten; doch überwiegt im Knochen das Carbonat, so daß der Komplex entsteht:

$$\left[ Ca \left( \begin{array}{c} PO_4 \diagdown^{Ca}_{\diagdown Ca} \\ PO_4 \diagdown_{\diagdown Ca}^{Ca} \end{array} \right)_3 \right] CO_3 .$$

Die Formel verlangt das molare Verhältnis $1:6:10$ für $CO_3:PO_4:Ca$. In der Tat stimmen zahlreiche Analysen von Knochenasche von den ältesten[1] an darin überein, daß dieses Verhältnis — wenigstens für Phosphat und Calcium — *ungefähr* gegeben ist[2]. Immerhin ist der Gehalt an Calcium oft *etwas* höher, so daß das Verhältnis Phosphor:Calcium sich bis 0,55 und darunter verschiebt. Dies ist auffällig, da man ja bei der Veraschung der organischen Grundsubstanz des Knochens (einschließlich Resten des Knochenmarks) eher einen Mehrgewinn an Phosphorsäure als an Calcium erwarten sollte. Neuerdings hat Klement[3] bei sehr schonender Analyse des *frischen* Knochens ebenfalls ein ungünstiges Verhältnis für den Quotienten $P:Ca$ erhalten und darauf die Auffassung gestützt, daß die Hauptmasse der festen Knochensalze der Zusammensetzung $3\,Ca_3(PO_4)_2 \cdot Ca(OH)_2$ (unter Beimischung von Carbonat) entspräche und die Apatitformel aufzugeben sei. Da aber dieses „basische Salz" nach Bassett[4] ebenfalls sehr schwer löslich ist, scheint mir kein Grund vorzuliegen, es nicht auch dem Apatit-typus anzureihen und zu schreiben:

$$\left[ Ca \left( \begin{array}{c} PO_4 \diagdown^{Ca}_{\diagdown Ca} \\ PO_4 \diagdown_{\diagdown Ca}^{Ca} \end{array} \right)_3 \right](OH)_2 \qquad \text{oder} \qquad \left[ Ca \left( \begin{array}{c} PO_4 \diagdown^{Ca}_{\diagdown Ca} \\ PO_4 \diagdown_{\diagdown Ca}^{Ca} \end{array} \right)_3 \right] O .$$

Das Mißverhältnis zwischen Phosphat und Calcium wird durch die Annahme des basischen Salzes ja gerade *nicht* berührt. In anderer Weise suchten Kramer, Marriott und Howland[5] über die Struktur der Knochensalze weitere Aufklärung zu gewinnen. Sie arbeiteten ebenfalls mit möglichst gut von organischer Substanz befreitem und entfettetem Knochenpulver, das sie mit Säure extrahierten. Sie bestimmten Carbonat, Phosphat, Calcium und Magnesium und zogen von den erhaltenen Werten von Calcium und Phosphat die auf Carbonat und Magnesium entfallenden Äquivalente ab. Die verbleibenden *Restbeträge* an Phosphat und Calcium stimmten dann unter den verschiedensten Umständen (Ratte und Mensch, Erwachsener und Kind, Gesundheit und Rachitis) sehr gut auf das durch die Formel des normalen tertiären Calciumphosphats verlangte Verhältnis $P:Ca = 0,67$. In diesen Versuchen ergab sich also *keinerlei* Anhaltspunkt für die Notwendigkeit der Annahme eines *basischen* Salzes: die analytisch faßbaren Säureäquivalente reichten völlig zur Absättigung der Basen aus. Dagegen schwankte allerdings das Verhältnis von $Ca_3(PO_4)_2$ zu $CaCO_3$ zwischen 10,8 und 5,8 — also in ziemlich weitem Bereich um den durch die Formel des Carbonat-Apatits verlangten Wert von 9,3 herum. Das eine ist also gewiß, daß diese Formel nicht erschöpfend ist und häufig andere Krystallarten beigemischt sind; [ob unter ihnen auch der Dolomit $Ca[Mg(CO_3)_2]$ in Frage kommen kann, ist bisher nicht diskutiert worden].

---

[1] Hoppe-Seyler: Virchows Arch. **24**, 13 (1862). — Zaleski: Hoppe-Seylers med. chem. Unters., S. 19. — Gabriel: Zitiert auf S. 67, Fußnote 13.

[2] Vgl. u. a. Gassmann: Hoppe-Seylers Z. **70**, 161 (1910); **178**, 62 (1928). — Loll: Biochem. Z. **135**, 493 (1923). — Ferner unten die Zahlen auf S. 72.

[3] Klement: Hoppe-Seylers Z. **184**, 132 (1929).

[4] Bassett: J. Chem. Soc. London **111**, 638 (1917).

[5] Kramer, Marriott u. Howland: J. of biol. Chem. **68**, 711, 721 (1926).

Von Interesse sind die Änderungen in den Mineralien des Knochens beim
Wachstum, zu dem in gewissem Sinne auch die Callusbildung nach Frakturen
zu rechnen ist. Es entspricht längst bekannten Erfahrungen, daß der wachsende
Knochen mehr und mehr wasserärmer und salzreicher wird[1]; genauere quantitative Daten gibt z. B. folgende Tabelle nach F. S. HAMMETT[2], der serienweise
die Knochen — und zwar jeweils beide humeri und beide femores — von wachsenden Ratten unter konstanten Lebensbedingungen untersuchte: für jede Periode
gleicher Lebensdauer wurden 10 Männchen und 10 Weibchen, dabei möglichst
viel Paare gleicher Würfe, der Analyse unterworfen und die Mittelzahlen verwertet; zur Beurteilung der Perioden ist wichtig, daß zwischen dem 23. und
25. Tage sich die Tiere von der Mutter entwöhnten und daß die Pubertät etwa
vom 65. bis 75. Tage dauerte. Die Frischgewichte der beiden Knochen sanken
während der Untersuchungszeit im Mittel von 0,21 auf 0,12 und von 0,31 auf
0,25% des Körpergewichts.

Tabelle 5. Mittelzahlen für Knochen junger Ratten.

| Lebens-alter | Männchen | | | | | Weibchen | | | | |
| | Gewicht des Tieres | Organische Substanz | | Asche | | Gewicht des Tieres | Organische Substanz | | Asche | |
| | | Humerus | Femur | Humerus | Femur | | Humerus | Femur | Humerus | Femur |
| Tage | g | % | % | % | % | g | % | % | % | % |
| 23 | 27,3 | 18,0 | 18,3 | 17,1 | 13,3 | 28,5 | 19,4 | 19,7 | 17,5 | 14,3 |
| 30 | 41,3 | 19,1 | 19,1 | 17,6 | 14,4 | 38,7 | 19,3 | 19,5 | 18,0 | 15,0 |
| 50 | 74,5 | 19,9 | 20,4 | 23,5 | 20,1 | 74,2 | 20,5 | 20,8 | 26,4 | 23,5 |
| 65 | 120,8 | 21,0 | 21,7 | 31,5 | 28,3 | 105,0 | 20,9 | 21,3 | 31,5 | 28,8 |
| 75 | 133,2 | 20,8 | 21,0 | 33,7 | 31,5 | 115,8 | 20,9 | 21,4 | 36,2 | 33,8 |
| 100 | 162,3 | 21,5 | 21,7 | 37,8 | 35,6 | 137,6 | 21,9 | 22,2 | 42,0 | 40,1 |
| 150 | 244,3 | 22,2 | 23,0 | 43,4 | 41,3 | 174,7 | 22,9 | 23,5 | 45,1 | 43,0 |

Die Tabelle lehrt sowohl die gemeinsame Tendenz, nämlich eine in dem untersuchten Zeitraum dauernd zunehmende Konsolidierung des Knochens, deren Ge-
schwindigkeit freilich in der letzten Periode erheblich abnimmt, wie auch die
Unterschiede nach der Art des Knochens und nach dem Geschlecht: der Humerus
ist aschereicher als der Femur und die weiblichen Knochen sind aschereicher
(und wasserärmer) als die männlichen, auch konsolidieren sie sich nach dem Eintritt der Pubertät in rascherem Tempo. Dies hängt jedoch mit dem langsameren
Wachstum der Weibchen in dieser Periode zusammen (vgl. Körpergewicht),
dem natürlich das Knochenwachstum parallel geht. *Absolut* genommen, vermehrt
sich die Knochenasche bei den Männchen stärker (vom 100. bis 150. Tage um
47%) als bei den Weibchen (31%); die Zusammensetzung der Asche blieb (in
dieser Periode) sehr konstant und betrug im Mittel 37,4% Ca, 56,5% $PO_4$ und
0,84% Mg[3] (P:Ca = 0,64). Vor Eintritt der Pubertät blieb die Zunahme des
Magnesiums etwas hinter der des Calciums zurück.

Auch bei wachsenden Kälbern wurde an verschiedenen Körperstellen das
Verhältnis von Phosphorsäure zu Calcium in den Knochen sehr konstant gefunden[4]: die Zahlen für $PO_4$ lagen zwischen 54,8 und 57,5; für Ca zwischen
36,9 und 39,1%; für das molare Verhältnis ergibt sich im Mittel 0,62.

Mit dem Aschengehalt der Knochen hängt natürlich der Calciumgehalt des
*ganzen* Körpers aufs engste zusammen; deshalb haben auch diese Zahlen hier

---

[1] JAUNING, J.: Dissert. Breslau 1908. — HARDT, B.: Dissert. Jena 1910. — SCHABAD:
Arch. Kinderheilk. **52**, 47, 68 (1909) — Berl. klin. Wschr. **1909**, 823, 923.
[2] HAMMETT, F. S.: J. of biol. Chem. **64**, 409 (1925).
[3] HAMMETT: J. of biol. Chem. **57**, 285 (1923).
[4] KRÜGER u. BECHDEL: J. Dairy Sci. **11**, 24 (1928).

Interesse. Sherman und Macleod[1] analysierten weiße Ratten verschiedenen Lebensalters, die ebenfalls unter konstanten Bedingungen gezüchtet waren, nach Entfernung des Darmtractus in toto auf Calcium; ihre Mittelzahlen beziehen sich für jedes Alter und Geschlecht auf ein halbes bis ganzes Dutzend Tiere.

**Tabelle 6. Mittelzahlen für Gesamtcalcium weißer Ratten ohne Darmtractus.**

| Lebensalter Tage | Männchen | | Weibchen | | |
|---|---|---|---|---|---|
|  | Gewicht in g | % Ca | Vorgeschichte | Gewicht in g | % Ca |
|  | 4,7 | 0,25 | — | 4,7 | 0,25 |
| 15 | 23 | 0,58 | — | 23 | 0,60 |
| 30 | 46 | 0,69 | — | 43 | 0,74 |
| 60 | 135 | 0,76 | — | 107 | 0,86 |
| 90 | 217 | 0,93 | — | 157 | 1,09 |
| 120 | 252 | 1,01 | nicht trächtig | 183 | 1,09 |
|  |  |  | trächtig oder nach dem ersten Wurf | 188 | 0,99 |
| über 170 | 238—363 | 1,07 | ohne Lactationsperioden | 178—244 | 1,17 |
| (ausgewachsene Tiere) |  |  | nach Lactationsperioden | 168—262 | 1,08 |

Die Tabelle zeigt wiederum den früheren Anstieg und die bleibende Erhöhung des relativen Calciumgehaltes bei den jungfräulichen Weibchen gegenüber den Männchen, zugleich aber den Ausgleich dieser höheren Werte durch die Genitalfunktionen des Werfens und Säugens.

Interesse bietet auch eine Analysenreihe von Buckner und Peter[2], die an wachsenden, eventrierten Ratten außer Calcium auch Phosphat, Magnesium und Kalium bestimmten. Sie benutzten stets 3 Weibchen und 3 Männchen nach konstanter gemischter Kost, bemerkten jedoch keine wesentlichen Unterschiede der Geschlechter. Für Calcium und Magnesium fanden sie durchweg (vom 14. bis 280. Lebenstage) sehr konstante Zahlen im Verhältnis zur Asche, nämlich im Mittel 25,4% Ca und 1,3% Mg; vom 28. bis 140. Lebenstage zeigte auch die Asche im Verhältnis zum Körpergewicht der *eventrierten* Tiere keinen Gang und schwankte zwischen 2,67 und 3,13% um den Mittelwert von 2,97%; die darmlosen Tiere enthielten also 0,75% Ca und 0,04% Mg. (Am 14. Lebenstag betrug die Asche 2,3; am 210. 3,5; am 280. 3,9% — entsprechend änderte sich im Gesamttier Ca und Mg.) Das Phosphat der Asche betrug am 14. Lebenstage nur 46%, vom 28. bis 280. Tage stets etwa 56% $PO_4$, was bis zum 140. Tage 1,66% des Körpergewichts — der darmlosen Tiere — entsprach, später mehr (bis 2,18% $PO_4$). Die analysierten Bestandteile der Asche betrugen auf 100 g 1,77 saure und 1,40 basische Äquivalente, während etwa 17% auf den nicht analysierten Aschenrest entfielen. Über 80% der Asche kam auf die an der Inkrustation der Knochen beteiligten Stoffe, nur 0,8% im Mittel auf Kalium. Dessen Konzentration in Asche und Tier nahm übrigens — wenn auch mit Schwankungen — vom 28. bis 140. Tage sichtlich ab, nämlich von 1,15 auf 0,71% der Asche, offenbar infolge des höheren Anteils, den die Knochenkrystalle an der Gesamtasche erhielten.

Eine weitere Umwandlung der Knochensalze mit dem zunehmenden *Alter* fanden Kramer und Shear[3], nämlich ein *Anwachsen* des Calciumcarbonats im Verhältnis zum Calciumphosphat; bei *jungen* Ratten betrug dies Verhältnis

[1] Sherman u. Macleod: J. of biol. Chem. **64**, 429 (1925).
[2] Buckner u. Peter: J. of biol. Chem. **54**, 5 (1922).
[3] Kramer u. Shear: J. of biol. Chem. **79**, 147 (1928) — Proc. Soc. exper. Biol. a. Med. **25**, 141, 285 (1928).

0,08—0,10; bei ausgewachsenen Tieren 0,15—0,16 (während die Apatitformel 0,11 entspricht). Beim Menschen wurde dies jedoch bisher nicht festgestellt, vielmehr fanden HOWLAND, MARRIOTT und KRAMER[1] an Knochen von Kindern wie von Erwachsenen *gleiche* Werte (0,13—0,14).

MATSUDA[2] fand an wachsenden *Zähnen* von Albinoratten *keine* Änderung des Verhältnisses von Ca zu Phosphat, wie ihres Anteils an der Gesamtasche, jedoch eine zunehmende Anreicherung an Magnesium. An menschlichen Feten hat SCHMITZ[3] Bestimmungen der Trockensubstanz, der Asche und des Calciumgehalts vorgenommen; nach seinen Zahlen wurden die in Tabelle 7 angegebenen zum Teil berechnet:

### Tabelle 7. Asche in menschlichen Feten.

| Länge | Gewicht der Feten | Berechnetes Alter | Trocken-substanz | Asche | Ca der Asche | Asche auf Trocken-substanz | Ca absolut |
|---|---|---|---|---|---|---|---|
| cm | g | Tage | % | % | % | % | g |
| 5,0 | 3,9 | 69 | 6,5 | 0,61 | 14,1 | 9,6 | 0,003 |
| 5,9 | 6,8 | 75 | 7,2 | 0,78 | 14,6 | 10,9 | 0,008 |
| 7,4 | 8,6 | 80 | 6,1 | 0,48 | 19,4 | 7,9 | 0,008 |
| 8,0 | 12,9 | 85 | 7,9 | 0,81 | 19,4 | 10,3 | 0,02 |
| 8,5 | 12,6 | 86 | 8,3 | 0,80 | 18,8 | 9,7 | 0,02 |
| 8,7 | 13,7 | 87 | 8,4 | 0,84 | — | 10,0 | — |
| 9,8 | 18,9 | 95 | 8,9 | 0,97 | 22,9 | 11,0 | 0,04 |
| 10,6 | 26,8 | 100 | 11,1 | 1,28 | 21,2 | 11,5 | 0,07 |
| 11,6 | 34,5 | 104 | 7,9 | 0,72 | 20,8 | 9,1 | 0,05 |
| 11,5 | 42,4 | 104 | 8,7 | 0,92 | 22,5 | 10,7 | 0,09 |
| 13,0 | 41,6 | 109 | 8,9 | 1,15 | 24,3 | 13,0 | 0,12 |
| 13,6 | 72,5 | 115 | 8,2 | 0,96 | 20,1 | 11,8 | 0,14 |
| 16,0 | 62,4 | 116 | 10,9 | 1,28 | 18,4 | 12,1 | 0,15 |
| 15,0 | 72,6 | 118 | 9,5 | 1,56 | 14,7 | 12,2 | 0,17 |
| 19,0 | 122,2 | 132 | 10,9 | 1,46 | — | 13,4 | — |
| 24,0 | 244,5 | 151 | 11,6 | 1,63 | 26,3 | 14,1 | 1,05 |
| 23,0 | 249,1 | 151 | 12,6 | 1,79 | 27,6 | 14,2 | 1,23 |
| 24,5 | 373,0 | 160 | 10,4 | 1,39 | 27,2 | 13,4 | 1,44 |
| 32,0 | 584,0 | 184 | 13,7 | 2,00 | 28,6 | 14,6 | 3,34 |

Vom Ende des 5. Monats an ist also der Calciumgehalt der Asche ziemlich konstant und entspricht bereits dem von CAMERER und SÖLDNER[4] beim Neugeborenen ermittelten Werte 27%. Es verdient einen Hinweis, wie nahe dieser dem für die jungen Ratten gefundenen Wert 25,4% liegt (vgl. oben S. 70). SCHWARZ, EDEN und HERMANN[5] analysierten eine Reihe von Knochen verschiedener Tierarten (Radius oder Tibia) auf Calcium und Phosphat und verglichen sie mit dem *Callus*gewebe der gleichen Knochen nach Fraktur. Ihre Zahlen gibt Tabelle 8 auf S. 72.

Aus diesen Befunden kann geschlossen werden, daß bei der Neubildung von Knochengewebe nach einer Fraktur zunächst eine Anreicherung von Calcium in der Grundsubstanz des Callus *ohne* die äquivalente Menge Phosphat erfolgt, daß also auch im lebenden Organismus vor sich geht, was in Modellversuchen, vor allem von FREUDENBERG und GYÖRGY[6], wahrscheinlich gemacht worden ist.

---

[1] HOWLAND, MARRIOTT u. KRAMER: J. of biol. Chem. **68**, 721 (1926).
[2] MATSUDA: J. of biol. Chem. **71**, 437 (1927).
[3] SCHMITZ: Arch. Gynäk. **121**, 1 (1923).
[4] CAMERER u. SÖLDNER: Z. Biol. **39**, 173 (1900) — **40**, 529 (1900) — **43**, 1 (1902) — **44**, 61 (1903),
[5] SCHWARZ, EDEN u. HERMANN: Biochem. Z. **149**, 100 (1924).
[6] FREUDENBERG u. GYÖRGY: Zitiert auf S. 66, Fußnote 5.

**Tabelle 8. Calcium und Phosphat in Knochen und Callus (Trockensubstanz).**

| Tierart | Knochen | | | Callus | | | |
|---|---|---|---|---|---|---|---|
| | Ca<br>% | $PO_4$<br>% | Molares<br>Verhältnis<br>P : Ca | Tage<br>nach der<br>Fraktur | Ca<br>% | $PO_4$<br>% | Molares<br>Verhältnis<br>P : Ca |
| Kaninchen . . . | 24,1 | — | — | 10 | 17,0 | 7,7 | 0,19 |
| Kaninchen . . . | 23,9 | 37,4 | 0,66 | 14 | 16,7 | 7,4 | 0,19 |
| Katze . . . . . | 25,1 | 38,6 | 0,66 | 27 | 17,3 | 7,7 | 0,19 |
| Hund . . . . . | 24,8 | 40,2 | 0,68 | — | — | — | — |
| Mensch . . . . | 24,5 | 41,1 | 0,71 | 16 | 16,6 | 15,3 | 0,39 |
| Mensch . . . . | — | — | — | 37 | 17,5 | 16,2 | 0,40 |

Diese Schlußfolgerung wurde durch SCHWARZ, EDEN und HERMANN noch weiter durch die Feststellung gestützt, daß auch Callusgewebe bei Behandeln mit Calciumchloridlösung noch mehr Calcium aufnimmt, und sich durch nachträgliche Behandlung mit Phosphat mit festen Krystallen imprägnieren läßt, während die gleichen Salzlösungen in umgekehrter Reihenfolge keinen Effekt haben[1]. Dies ist das gleiche Verhalten wie es für den Knorpel durch FREUDENBERG und GYÖRGY[2] ermittelt wurde.

Eine gewisse Analogie finden diese Befunde in Analysen von KRAMER und SHEAR[3] an den primären Verkalkungszonen bei heilender Rachitis, wo sich nach Abzug des Carbonatcalciums und des Magnesiumphosphats das molare Verhältnis P:Ca wie 0,45 (statt wie sonst 0,50) ergab. Nach diesen Autoren werden (anfangs) basische Phosphate oder organische Calciumverbindungen eingelagert, die später erst in das endgültige Produkt Orthophosphat umgewandelt werden.

Die *Ernährung* kann unter Umständen Einfluß auf die Zusammensetzung des Knochens gewinnen. Im *Hunger* sahen MOREL, MOURIQUAND, MICHEL, SEULIER und THEVENON[4] bei Meerschweinchen den Aschengehalt deutlich abnehmen (auf 51,4 statt 56,4% der Trockensubstanz), während der Anteil des Calciums an der Asche unverändert blieb; IWABUCHI[5] fand Abnahme der Trockensubstanz und etwas stärkere Calcium- und Phosphatabnahme (rund 15%). Calciumarm ernährte Ratten verloren nach TOVERUD[6] in den Molarzähnen Calcium und setzten Magnesium an; die rasch wachsenden Nagezähne verarmten jedoch allgemein an anorganischen Bestandteilen. An Ratten stellten KORENCHEVSKY und CARR[7] Unterschiede im Wasser- und Calciumgehalt der Jungen fest, wenn die Kost der Muttertiere verändert wurde. Wurden nämlich Vitamin A ganz und zugleich Calcium während Gravidität und Lactation möglichst ausgeschaltet, so sank der Calciumgehalt der (wasserreichen) Knochen etwa auf die Hälfte (von etwa 5,2 auf 2,6%); wenig A-Faktor genügte, um diesen Wert auf 3,7—4,6 ansteigen zu lassen. Wurde während der Gravidität ebenso verfahren und während der Lactation bei *Ausschluß* des A-Faktors nur Calciumcarbonat zugelegt, so bekamen die Knochen nahezu normale Beschaffenheit. Auch EMORI[8] fand Störungen des Knochenwachstums, wenn er die jungen Tiere unmittelbar vitamin-A-frei ernährte; die Knochen blieben zurück und künstlich gesetzte

[1] Vgl. dazu die Kritik von LIESEGANG: Biochem. Z. **145**, 96 (1924) — sowie oben S. 66.

[2] FREUDENBERG u. GYÖRGY: Zitiert auf S. 66, Fußnote 5.

[3] KRAMER u. SHEAR: J. of biol. Chem. **79**, 147 (1928) — Proc. Soc. exper. Biol. a. Med. **25**, 285 (1928).

[4] MOREL, MOURIQUAND, MICHEL, SEULIER u. THEVENON: C. r. Soc. Biol. Paris **85**, 469 (1921); **92**, 269 (1925).

[5] IWABUCHI: Z. exper. Med. **30**, 65 (1922).

[6] TOVERUD: J. of biol. Chem. **58**, 583 (1923).

[7] KORENCHEVSKY u. CARR: J. of Path. **26**, 389 (1923).

[8] EMORI: Jap. J. med. Sci., Trans. Pharmacol. **2**, 43 (1927).

Frakturen heilten äußerst langsam, während der Asche- und Kalkgehalt des vorhandenen Knochengewebes kaum Abweichungen erkennen ließ.

Mangel an Vitamin C (Skorbut) hatte bei IWABUCHI[1] den gleichen Effekt wie Hunger, auch bei BROUWER[2] eine etwa 10proz. Abnahme der Knochensalze zur Folge, bei den französischen Autoren[3] aber gar keinen Effekt. An den Zähnen fand sich Abnahme der Asche und des Calciums, doch Zunahme des Magnesiums[4]. Sehr viel stärkere Verminderungen des Aschegehaltes haben BAHRDT und EDELSTEIN[5] bei kindlichem Skorbut ermittelt; zugleich war die Asche sehr reich an Kalium und Natrium geworden.

Für die *Rachitis* ist es längst bekannt und anerkannt, daß sie zu Verminderung des Salzgehaltes der Knochen führt, ohne die Zusammensetzung der Asche wesentlich zu verändern; nur der Magnesiumgehalt steigt auch hier etwas an[6]. Mit ihren neuen Methoden der Analyse (vgl. oben S. 1482) fanden HOWLAND, MARRIOTT und KRAMER[7] eine Zunahme des Carbonatgehaltes im Verhältnis zum Phosphat übereinstimmend für Mensch und Ratte: 0,16—0,17 gegen 0,13—0,14 und 0,15 gegen 0,09. (Unterschiede der „Kalkbindungsfähigkeit" des rachitischen *Knorpels* scheinen auch nicht zu bestehen[8], ebensowenig mikrochemisch erkennbare Verminderung des primär vorhandenen Calciums[9].)

Osteomalacie bedingt ebenfalls keine wesentliche Änderung in der Zusammensetzung der Knochenasche[10]. Bei *Kriegsosteopathie* fand LOLL[11] Verminderung des Phosphats bei Erhöhung des Calciumgehaltes in der Knochenasche.

*Hormonale* Störungen äußerten sich am Knochen folgendermaßen: Schilddrüsenentfernung hemmte den Ansatz von Calciumphosphat bei jungen Ratten sehr beträchtlich, und zwar viel stärker bei Weibchen als bei Männchen. Exstirpation der Epithelkörperchen allein wirkte gleichsinnig, doch schwächer. Der Ansatz von Magnesium war wenig betroffen[12]. NISHIMURAS[13] Befunde an der gleichen Tierart lauten allerdings entgegengesetzt. Nach OGAWA[14] wird der Ansatz von Calcium im Callusgewebe durch Schilddrüse gehemmt, durch Epithelkörperchen gefördert, bei Exstirpation also jeweils umgekehrt beeinflußt. An den Zähnen bewirkt Parathyreoidektomie ebenfalls Verarmung an Kalksalzen[15]. Vereinigung von Schilddrüsen- mit Thymusexstirpation soll nach KIYONARI[16] das Knochencalcium bei Kaninchen und Ratten vermehren. Nach demselben folgt das gleiche auf Kastration, während Fütterung mit Keimdrüsensubstanz das Gegenteil bedingt.

---


[1] IWABUCHI Zitiert auf S. 72.    [2] BROUWER: Biochem. Z. **190**, 402 (1927).

[3] MOREL, MOURIQUAND. MICHEL, SEULIER u. THEVENON: Zitiert auf S. 72.

[4] TOVERUD: Zitiert auf S. 1486.

[5] BAHRDT u. EDELSTEIN: Z. Kinderheilk. **91**, 21 (1920).

[6] CATTANEO: Vgl. Malys Jb. **1909**, 428.

[7] HOWLAND, MARRIOTT u. KRAMER: J. of biol. Chem. **68**, 721 (1926).

[8] HARTMANN: Sitzgsber. bayer. Akad. Wiss., Math.-physik. Kl. **1913**, 271. — Vgl. SHIPLEY, KRAMER u. HOWLAND: Amer. J. Dis. childr. **30**, 37 (1925). — SCHMIDT: Z. Biol. **87**, 537 (1928).

[9] POLICARD u. PEHU: Bull. Histol. appl. **5**, 277 (1928).

[10] CAPPEZZUOLI: Biochem. Z. **16**, 355 (1909).

[11] LOLL: Biochem. Z. **135**, 493 (1923).

[12] HAMMETT: J. of biol. Chem. **57**, 285 (1923); **72**, 527 (1927).

[13] NISHIMURA: Fol. endocrin. jap. **2**, 153 (1927). — MIZOKAMI u. NISHIMURA: ebenda **5**, 18 (1929).

[14] OGAWA: Arch. f. exper. Path. u. Pharmaz. **109**, 83 (1925). — Vgl. auch BAUER, ALBRIGHT u. AUB: J. clin. Invest. **7**, 75 (1929) — J. of exper. Med. **49**, 145 (1929).

[15] ERDHEIM: Frankf. Z. Path. **7**, 175, 238, 293 (1911). — PREISWERK-MAGGI: Dtsch. Mschr. Zahnheilk. **29**, 641 (1911). — Dort ältere Literatur!

[16] KIYONARI: Fol. endocrin. jap. **3**, 1161, deutsche Zusammenfassung 37 (1927).

## Knorpel.

Nach Bunges[1] Analysen enthält der Knorpel (bei Kalb, Schwein und Haifisch) 0,5—0,6% *Natrium*, also ungewöhnlich viel. Spätere umfassende Untersuchungen der Mineralien in der Knorpelsubstanz scheinen nicht vorzuliegen.

## Muskeln[2].

Der Mineralbestand der quergestreiften Muskeln bietet bereits ein sehr eindringliches Beispiel, wie sich der Mineralstoffwechsel mit dem Energiestoffwechsel verknüpft. Denn schon die einfache Feststellung über die im Muskel anzutreffenden Mineralstoffe muß von der heute sichergestellten Tatsache ausgehen, daß der aus seinen natürlichen Bedingungen gelöste Muskel mineralische Stoffe enthält, die aus organischen Verbindungen erst im Augenblick der Präparation entstehen, und zwar äußerst leicht entstehen können: Phosphat und Ammonium. Sie hängen beide mit der spezifischen Muskelleistung, der Kontraktion, innig zusammen und sind daher viel besser bei einer Darstellung der Muskelkontraktion zu verfolgen. Hier können nur die allerwichtigsten Umsetzungen kurz gestreift werden: Ammoniak entsteht aus Adenin (in der Adenosinphosphorsäure und Adenosinpyrophosphorsäure), Phosphat vor allem aus Kreatinphosphorsäure, bei Wirbellosen aus Argininphosphorsäure (beide auch „Phosphagen" genannt). Außerdem bildet sich Phosphat aber natürlich auch aus Adenosinpyrophosphorsäure, ferner — wohl etwas weniger leicht — aus Zuckerphosphorsäureestern. Alle diese organischen Ester und Amide bilden sich wiederum durch Synthese ihrer Spaltprodukte leicht zurück. Somit findet man sie auch im Muskel stets nebeneinander[3]. In dem am besten untersuchten Froschmuskel rechnet man von 0,4% $HPO_4$ *säurelöslichen* Phosphats in der frischen Substanz etwa 15% auf anorganisches Salz, 10% auf Kohlehydratmonophosphat, 35% auf Adenylpyrophosphat, 40% auf Kreatinphosphat[4]. Damit ist wahrscheinlich nicht einmal der Zustand des ruhenden, durchbluteten Muskels charakterisiert, sondern eben der bei „möglichst" rascher und schonender Abtötung des Muskels (durch flüssige Luft) erhaltene. Für Säugetiere werden für die Summe der säurelöslichen Phosphatfraktionen Werte zwischen 0,35 und 0,65% $HPO_4$ angegeben[5], auch für eine einzelne Tierart, wie z. B. Kaninchen, Schwankungen zwischen 0,47 und 0,65% der Frischsubstanz[6]. Ähnliche Zahlen fand Lyding an Vögeln[7]. Der *Gesamtphosphorgehalt* der Muskulatur liegt etwa um ein Fünftel des Wertes höher. Das reine anorganische Phosphat bestimmten Sacks und Davenport[8] mit äußerst schonender Methodik in Muskeln von Katzen, Meer-

---

[1] Bunge: Hoppe-Seylers Z. **28**, 300, 452 (1899).
[2] Vgl. auch Embden: Dieses Handbuch **8 I**, 470 (1925). — Ferner Neuschlosz: Ebenda **8 I**, 127 (1925). — Fürth: Oppenheimers Hdb. d. Bioch. 2. Aufl. **4**, 297 (1923).
[3] Von wichtigeren Arbeiten auf diesem großen Gebiete seien erwähnt: Embden u. Lawaczek: Biochem. Z. **127**, 181 (1922). — Fiske u. Subbarow: Science (N. Y.) **65**, 401 (1927). — Fiske: J. of biol. Chem. **74**, XXII (1927). — Eggleton, P., u. M. G.: J. of Physiol. **63**, 155 (1927). — Meyerhof u. Lohmann: Naturwiss. **15**, 670, 768 (1927) — Biochem. Z. **196**, 22, 49 (1928). — Lohmann: Ebenda **194**, 306 (1928); **202**, 466 (1928); **203**, 164, 172 (1928). — Nachmannsohn: Ebenda **196**, 73 (1928). — Parnas u. Mozolowski: Ebenda **184**, 399 (1927). — Parnas: Klin. Wschr. **1928**, 2011. — Meyerhof, Lohmann u. Rolf Meier: Biochem. Z. **157**, 459 (1925). — Embden u. Mitarbeiter: Hoppe-Seylers Z. **113**, 1—312 (1921) — Klin. Wschr. **1927**, 628 — Hoppe-Seylers Z. **167**, 137 (1927); **175**, 261 (1928); **179**, 149 (1928).
[4] Lohmann: Vortrag in Heidelberg, Juni 1930.
[5] Vgl. Heubner: Mineralstoffwechsel in Dietrich-Kaminers Handb. der Balneologie **2**, 201 (1922).
[6] Embden u. Adler: Hoppe-Seylers Z. **113**, 201 (1921).
[7] Lyding: Ebenda 223.
[8] Sacks u. Davenport: J. of biol. Chem. **79**, 493 (1928).

schweinchen und Ratten zu etwas mehr als 0,06% $HPO_4$, bei Hund und Kaninchen zu etwas weniger. MARTINO[1] gibt für den Biceps von Kaninchen 0,075, für den Soleus etwas höhere Zahlen (bis 0,10), für Taubenmuskeln 0,11—0,13% $HPO_4$ als anorganisch an — bei Phosphagenwerten entsprechend 0,03—0,09% $HPO_4$, die mit der *Art* der Muskelfunktion (rascherer oder trägerer Kontraktion) abgestuft zu sein scheinen.

Ältere Befunde über das „anorganische Phosphat" und seine Änderungen sind mit größter Vorsicht aufzunehmen; immerhin ist es möglich, daß manche von ihnen, wenn auch nicht streng für das primär anorganische Phosphat, so doch für dieses plus den leicht abspaltbaren Teil des gebundenen, säurelöslichen Phosphats zutreffen: nach LOUGHRIDGE[2] nimmt diese Größe ab bei Parathyreoidektomie, nach LANGE[3] bei Pankreasexstirpation.

Neben Phosphat kommt als Anion der Muskelsubstanz auch *Sulfat* reichlich vor. URANO[4] fand im Dialysat von Froschmuskeln oder deren Preßsaft so viel davon, als 0,08—0,09% des frischen Muskels entsprechen würde. Rechnet man also nur das im frischen Muskel im Ruhegleichgewicht vorhandene *anorganische* Phosphat als zweiwertiges Anion, so wird durch Schwefelsäure *mehr* Base abgesättigt als durch Phosphat; freilich wird dies Verhältnis durch das amidierte und Esterphosphat, das wohl größtenteils noch als einwertige Säure fungiert, zugunsten des Gesamtphosphats verschoben. Demgegenüber ist *Chlorid* in der Muskelsubstanz in relativ geringer Menge enthalten, ja man kann zweifelhaft sein, ob es dem Sarkoplasma überhaupt zuzurechnen ist. In herausgenommenen Säugetier- und Menschenmuskeln findet man 0,04—0,08% $Cl^5$, also nur etwa ein Fünftel soviel wie im Blute und ein Siebentel soviel wie in der Gewebsflüssigkeit. Ähnliche Werte (bis 0,06% Cl), doch mit viel größeren Schwankungen nach unten gab BOUTIRON[6] für die Muskeln von Kaninchen und Hunden an. Bedenkt man, daß nach KROGHS[7] Berechnungen die Menge des im Muskelgewebe liegenden Blutes auf 3—11% der Muskelmasse zu schätzen ist (freilich mit viel größeren Variationen bei Ruhe und Anstrengung), so ergeben sich allein daraus im Mittel 0,02% Cl für den Muskel. Daß außerdem noch manches auf Gewebsflüssigkeit kommt, ist sehr wahrscheinlich: setzt man 10% des Muskelgewichts für die Intercellularflüssigkeit, so reicht deren Chloridgehalt aus, den Wert auf 0,06% zu erhöhen. Beim Auswaschen von Froschmuskeln mit Rohrzuckerlösung fanden URANO[8] und FAHR[9] in der Tat ein erhebliches Absinken der Chlorid- (und Natrium-) Menge im Muskel, zuweilen bis auf Null, während sich andere Mineralstoffe viel weniger verminderten, so daß auch diese Untersuchungen erweisen, daß das Muskelplasma äußerst wenig, wahrscheinlich gar kein Chlorid enthält.

Der Natriumgehalt des Muskels ist ebenfalls gering, wenn auch wohl nicht *allein* der Gewebsflüssigkeit usw. zuzuschreiben. KATZ[5] fand an 7 Säugetierarten 0,05—0,09% Na, BOUTIRON[6] an Kaninchen 0,015—0,055%; an Hunden 0,07—0,09% Na.

1—2 Wochen nach Pankreasexstirpation fanden MEYER-BISCH und DOROTHEE BOCK[10] Änderungen im Chlorid- und Natriumgehalt meist im Sinne einer Vermehrung.

---

[1] MARTINO: Atti d. reale accad. dei Lincei, Ser. 6; **7**, 79 (1928).

[2] LOUGHRIDGE: Brit. J. exper. Path. **7**, 302 (1926).

[3] LANGE: Arch. f. exper. Path. **118**, 115 (1926).

[4] URANO: Z. Biol. **50**, 212 (1908).

[5] KATZ: Pflügers Arch. **63**, 1 (1896). — MAGNUS-LEVY: Biochem. Z. **24**, 363 (1910).

[6] BOUTIRON: C. r. Soc. Biol. Paris **94**, 1151 (1926). — BOUTIRON u. GENAUD: Ebenda **99**, 1730 (1928).

[7] KROGH: Anatomie und Physiologie der Capillaren, 2. Aufl., übersetzt von WILHELM FELDBERG. S. 27. Berlin: Julius Springer 1929.

[8] URANO: Z. Biol. **50**, 212 (1908); **51**, 483 (1908).

[9] FAHR: Z. Biol. **52**, 72 (1908).

[10] MEYER-BISCH und D. BOCK: Z. exper. Med. **54**, 145 (1927).

Die Hauptrolle als Kationenbildner spielt im Muskel das *Kalium*. Da es in Blut und Gewebsflüssigkeit in geringer Menge vorkommt, überdies aber analytisch besser faßbar ist, geben die bei der Veraschung gefundenen Werte für Kalium ein annähernd zuverlässiges Bild seiner Konzentration in der eigentlichen Muskelsubstanz. Die Zahlen bewegen sich nach Katz[1] und Costantino[2] zwischen 0,32 und 0,40 bei verschiedenen Säugetieren (einschließlich Mensch), nach Mitchell und Wilson[3] um etwa 0,34% beim Frosch. Boutiron und Genaud[4] fanden an den Muskeln der gleichen Individuen (Hund, Kaninchen), selbst den symmetrischen der beiden Körperhälften, beträchtliche Differenzen; dadurch wird die frühere Angabe von Costantino[2] etwas zweifelhaft, nach der die *weißen* Muskeln geringeren Kaliumgehalt (0,38%) aufweisen sollten als die trägeren roten (0,43%). Die von Cahane[5] für Kaninchen und Meerschweinchen angegebenen Werte von 0,20—0,29% K weichen stark von allen anderen ab.

Das Kalium des Muskels ist vollkommen diffusibel[6]. Nach Neuschlosz und Trelles[7] soll allerdings ein Anteil des Kaliums schwerer auswaschbar sein als die Hauptmenge; er soll sich durch Entnervung oder Starre des Muskels ändern. Die Frage bedarf aber weiterer Klärung.

Für den Magnesiumgehalt des Muskels finden sich Zahlen zwischen 20 und 30 mg% Mg angegeben[8], für den Menschen etwa 21 mg%. Größere Schwankungen bis herab zu 11 mg% fand nur Cahane (vgl. oben). Im Froschversuch wies Urano nach, daß nur etwa die *Hälfte* der vorhandenen Menge frei dialysabel ist, was ja durchaus den im Blutplasma gegebenen Bedingungen entspricht (vgl. oben S. 49).

Calcium ist im Muskel nach den meisten Autoren in deutlich geringerer Menge als Magnesium enthalten und scheint ziemlich stark zu variieren, so daß die Frage aufzuwerfen ist, ob dieser Kationenbildner nicht als Reserve im Muskel „thesauriert“, d. h. über den unmittelbaren physiologischen Bedarf hinaus gespeichert werden kann[9]. Katz[8] fand bei verschiedenen Säugetieren 2—18 mg% Ca, Heubner und Rona[10] an *einer* Tierart (Katze) gleiche Schwankungen zwischen 3 und 18 mg%; auch am gleichen Individuum fanden sich zuweilen ziemlich große Differenzen von Muskel zu Muskel[11]. An 6 Kaninchen sahen Denis und Corley[12] etwas geringere Schwankungen, nänlich von 4,0—8,4 mg% Ca. Cahane[13] fand bei Meerschweinchen im Alter von 5 Monaten bis zu 5 Jahren Zahlen zwischen 13 und 16 mg%, bei jüngeren Tieren mit abnehmendem Alter ansteigende Werte bis zu 30 mg%; analog sanken bei Kaninchen die Werte von 23—11 mg mit zunehmendem Alter von $^1/_4$ bis zu 2 Jahren.

Über die Zusammensetzung der Muskelsubstanz in bezug auf Kationen ergeben sich auch Aufschlüsse aus einer Arbeit von Gamble, Ross und Tisdall[14] betreffend die Ausscheidung von Mineralstoffen im Hunger.

---

[1] Katz: Pflügers Arch. **63**, 1 (1896). — Vgl. auch Rumpf: Dtsch. Arch. klin. Med. **79**, 158 (1904).

[2] Costantino: Biochem. Z. **37**, 52 (1911).

[3] Mitchell u. Wilson: J. gen. Physiol. **4**, 45 (1921).

[4] Boutiron u. Genaud: C. r. Soc. Biol. Paris **99**, 1730 (1928).

[5] Cahane: C. r. Soc. Biol. Paris **96**, 1168 (1927).     [6] Urano: Z. Biol. **50**, 212 (1908).

[7] Neuschlosz und Trelles: Pflügers Arch. **204**, 374 (1924).

[8] Katz: Zitiert diese Seite, Fußnote 1. — Stransky: Arch. f. exper. Path. **78**, 122 (1914). — Magnus-Levy: Biochem. Z. **24**, 363 (1910).

[9] Vgl. dazu Katase: Zieglers Beitr. path. Anat. **57**, 516 (1913).

[10] Heubner u. Rona: Biochem. Z. **135**, 248 (1923).

[11] Vgl. dazu auch Befunde von Jungmann und Samter an Tieren, die mit Calcium vorbehandelt waren: Biochem. Z. **144**, 265 (1924).

[12] Denis u. Corley: J. of biol. Chem. **66**, 609 (1925).

[13] Cahane: C. r. Soc. Biol. Paris **96**, 1168 (1927).

[14] Gamble, Ross u. Tisdall: J. of biol. Chem. **57**, 633 (1923).

Von Eisen findet sich im Froschmuskel etwa 2 mg%[1]; für den Säugermuskel wurden Beträge zwischen 1 und 25 mg% notiert[2]. Zink findet sich im Muskel viel reichlicher als in den meisten übrigen Organen, nämlich 3—5 mg%[3]. Auch Kupfer, Aluminium und andere Metalle fehlen in kleinsten Mengen nicht.

Sehr schwer zu übersehen ist es heute, in welchem Umfang sich die Mineralstoffe des Muskels, soweit es sich nicht um Phosphorsäure und Ammoniak handelt, an seinen Funktionen beteiligen und ihren Bestand bei wechselnden Bereitschaftslagen ändern. Da von organischen Substanzen starke Basen, wie Kreatin, und starke Säuren, wie Milchsäure, mit der Muskeltätigkeit eng verknüpft sind, darf man von vornherein erwarten, daß auch die mineralischen Ionenbildner nicht aus dem Spiele bleiben. Freilich wird sich alles Wesentliche *innerhalb* der Muskelelemente abspielen; nur vom Phosphat[4] und Kalium[5] ist bekannt, daß sie (unter unphysiologischen Bedingungen) bei starker Muskelarbeit auch in die Umgebung austreten, die Muskelsubstanz also ärmer an ihnen werden kann.

Degenerierte Muskulatur wurde von RUMPF[6] kalium- und magnesiumärmer, natrium- und chloridreicher gefunden als die gesunde Muskulatur desselben Menschen. PARHON und CAHANE[7] fanden nach Nervendurchschneidung an Kaninchen und Meerschweinchenmuskeln jedoch Vermehrung des Magnesium- und Calciumgehalts. Parathyreoidektomie führt nach LOUGHRIDGE[8] zu Verminderung des freien und Esterphosphats sowie des Calciums im Muskel.

## Glatte Muskeln.

COSTANTINO[9] untersuchte auf einige Mineralstoffe Proben vom Retractor penis und Uterus von Schlachttieren; sie enthielten 0,10—0,13% Cl; 0,11—0,15% Na; 0,23—0,27% K; 9 mg% Ca; 12 mg% Mg; 2 mg% Fe. Im Magen eines Stieres fand sich mehr Kalium (0,37%) und weniger Natrium (0,09%). KOCHMANN und KRÜGER[10] analysierten 15 menschliche Uteri mit folgenden Ergebnissen für Minimum, Maximum und Mittel: Chlorid 0,13—0,35 (0,27) %; Natrium 0,03—0,16 (0,08) %; Kalium 0,06—0,19 (0,14) %; Calcium 12—31 (22) mg%; Magnesium 10—19 (14) mg %. 2 dieser Organe stammten von Unglücksfällen, also gesunden Frauen; ihre Werte weichen nur durch höheren Natriumgehalt (0,13 %) von dem Durchschnitt der übrigen merklich ab.

## Herz.

Die bis jetzt bekannten Analysenzahlen[11] für die Mineralstoffe des Herzfleisches von Säugetieren lassen im ganzen die gleiche Zusammensetzung erkennen

---


[1] MEYERHOF u. LOHMANN: Biochem. Z. **203**, 208 (1928).

[2] KATZ: Pflügers Arch. **63**, 1 (1896). — SCHMEY: Hoppe-Seylers Z. **39**, 215 (1903). — MAGNUS-LEVY: Biochem. Z. **24**, 363 (1910).

[3] ROST u. WEITZEL: Arb. ksl. Gesdh.amt **51**, 494 (1910) — Ber. dtsch. pharmaz. Ges. **29**, 549 (1919).

[4] EMBDEN u. ADLER: Hoppe-Seylers Z. **118**, 1 (1922). — EMBDEN u. E. GRAFE: Ebenda **113**, 108 (1921). — EMBDEN u. LANGE: Ebenda **130**, 350 (1923).

[5] MITCHELL u. WILSON: J. gen. Physiol. **4**, 45 (1921).

[6] RUMPF: Dtsch. Arch. klin. Med. **79**, 158 (1904).

[7] PARHON u. CAHANE: C. r. Soc. Biol. Paris **95**, 425 (1926).

[8] LOUGHRIDGE: Brit. J. exper. Path. **7**, 302 (1926).

[9] COSTANTINO: Biochem. Z. **37**, 52 (1911) — Arch. Farmacol. sper. **18**, 480 (1914).

[10] KOCHMANN u. KRÜGER: Biochem. Z. **178**, 60 (1926).

[11] v. MORACZEWSKI: Hoppe-Seylers Z. **23**, 483 (1897). — MAGNUS-LEVY: Biochem. Z. **24**, 363 (1910). — GLEY u. RICHAUD: J. Physiol. et Path. gén. **12**, 673 (1910). — LEDERER u. STOLTE: Biochem. Z. **35**, 108 (1911). — COSTANTINO: Ebenda **43**, 165 (1912). — KRAUS, WOLLHEIM u. ZONDEK: Klin. Wschr. **3**, 735 (1924). — VOLLMER: Z. exper. Med. **65**, 522 (1929).

wie die quergestreifte Muskulatur, mit Ausnahme höheren Chloridgehaltes (vielleicht infolge stärkerer Durchtränkung mit Intercellularflüssigkeit). Abgerundete Mittelzahlen sind etwa 0,15% Cl; 0,2% $HPO_4$ (einschließlich Kreatinphosphat); 0,1% Na; 0,3% K; 15 mg% Mg; 10 mg% Fe. Etwas größere Schwankungen scheinen wieder bei Calcium[1] vorzukommen (8—26 mg%); im ganzen liegen die Zahlen für dieses Element wohl auch höher als bei der Skelettmuskulatur.

In den Ventrikeln von Kälbern ist der Gehalt an Phosphat (leicht spaltbarem Kreatinphosphat) fast doppelt so hoch wie in den Vorhöfen[2]. Bei Erkrankungen scheint öfters der Kaliumgehalt des Herzmuskels abzusinken[3], bei dekompensierten Herzfehlern das Calcium[4]. Wahrscheinlich kann sich Calcium im Muskelfleisch zuweilen (auch vorübergehend) in kleinen Herden als Niederschlag abscheiden, so daß man besonders bei pathologischen Affektionen verschiedener Art höhere Zahlen finden kann[5].

### Blutgefäße.

Systematische Untersuchungen liegen wenig vor. Nach eigenen, noch nicht veröffentlichten Analysen des Verfassers hat es den Anschein, als ob die *Aortenwand* (von Katzen und Kaninchen auch bei Fehlen jedes pathologischen Befundes) stets einen relativ hohen Calciumgehalt aufwiese, der zwischen 20 und 40 mg% Ca in der frischen Substanz liegt. Nach Bernhardt und Ucko[6] enthält die Aorta mehr Brom (1,7—2,5 mg%) als das Blut.

### Nervensubstanz (Gehirn).

Für den Chloridgehalt des Gehirns findet man Zahlen zwischen 0,18 und 0,33% angegeben[7], jedoch am häufigsten die niedrigeren Werte um 0,15% Cl. Die wasserlöslichen Phosphorsäureverbindungen entsprechen rund 0,25% $HPO_4$, was etwa den vierten bis dritten Teil der *gesamten* phosphorhaltigen Hirnsubstanzen ausmacht[8]. Beide Säurereste reichen nicht aus, die Summe der basischen Mineralien abzusättigen; dies ist trotz wechselnder und zum Teil wohl unsicherer Einzelheiten doch aus der Summe der vorliegenden Analysenergebnisse abzuleiten. Wie zu erwarten ist, kommt auch bei der Nervensubstanz unter gewöhnlichen Umständen ein erheblicher Teil des in den Analysen auftretenden Natriumchlorids der Zwischenflüssigkeit zu: Alcock und Roche Lynch[9] untersuchten Bindegewebe, markhaltige Nerven*stämme*, markhaltige und marklose Nerven*fasern* auf Chlorid und Kalium und fanden in der genannten Reihenfolge einen fortgesetzt sinkenden Chlorid- und fortgesetzt steigenden Kaliumgehalt; die extremsten Zahlen ergaben Bindegewebe mit 0,33% Cl und 0,04% K und mark-

[1] Vgl. dazu auch Heubner u. Rona: Biochem. Z. **135**, 262 (1923). — Hecht: Ebenda **144**, 270 (1924). — Kapeller u. Kutschera-Aichbergen: Ebenda **193**, 400 (1928).

[2] Vollmer: Z. exper. Med. **65**, 522 (1929).

[3] Vgl. Dennstedt u. Rumpf: Jb. Hamburg. Staatskrankenanst. **7 II**, 1 (1899/1900) — (auch Mitt. Staatskrankenanst. Hamb. **3**). — Dagegen Lederer u. Stolte: Biochem. Z. **35**. 108 (1911).

[4] Kapeller u. Kutschera-Aichberger: Zitiert unter [4].

[5] Vgl. dazu auch Stoeltzner: Jb. Kinderheilk. **50**, 268 (1899).

[6] Bernhardt u. Ucko: Biochem. Z. **170**, 459 (1926).

[7] v. Moraczewski: Hoppe-Seylers Z. **23**, 483 (1897). — Lematte u. Beauchamp: C. r. Acad. Sci. Paris **181**, 578 (1925). — Magnus-Levy: Biochem. Z. **24**, 363 (1910). — Wahlgren: Arch. f. exper. Path. **61**, 97 (1909). — Padtberg: Ebenda **63**, 60 (1910). — Dennstedt u. Rumpf: Zitiert diese Seite, Fußnote 3.

[8] Koch u. Mann: J. of Physiol. **36**, XXXVI (1907) — Arch. of Neur. **4**, 2 (1909). — Cohn, Michael: Dtsch. med. Wschr. **1907**, 1987.

[9] Alcock u. Roche Lynch: J. of Physiol. **42**, 107 (1911).

lose Nervenfasern mit 0,15% Cl und 0,30% K. LEMATTE und BEAUCHAMP[1] fanden in vier menschlichen Gehirnen 0,10—0,24% K und 0,10—0,18% Na. Die Äquivalente der beiden einwertigen Basen sind also ziemlich in gleicher Größenordnung in dem Mischgewebe „Gehirn" vorhanden. Auch Magnesium und Calcium werden im großen Durchschnitt etwa in gleichen Mengen gefunden, wenn auch im einzelnen Abweichungen nach beiden Seiten festgestellt wurden. Am menschlichen Gehirn fand z. B. MAGNUS-LEVY[2] 14 mg% Mg, 17 mg% Ca, während LEMATTE und BEAUCHAMP[1] 8—11 mg% Mg und nur 2—3 mg% Ca ermittelten. Bei Hunden und Meerschweinchen verschiedenen Alters lag der Mg-Gehalt zwischen 9 und 20 (im Mittel bei 15) mg%[3]. Der Calciumgehalt unterliegt viel größeren Schwankungen[4], ohne daß ein gesetzmäßiger Einfluß bestimmter Faktoren zu erkennen wäre; auch das Alter ist nicht entscheidend, wie manche Forscher geglaubt haben, denn es wurde sowohl Abfall[5] wie Anstieg[3] des Calciums mit zunehmendem Alter beschrieben. Sicher ist, daß im normalen Gehirn der Calciumwert sehr gering sein kann und wenige Milligrammprozent nicht zu überschreiten braucht[6], während an ebenso normalen Organen höhere Werte (10 bis 20 mg% Ca) recht häufig vorkommen[7]; Unterschiede der Tierarten kommen dabei nur insofern in Betracht, als Pflanzenfresser vielleicht noch höhere Maximalwerte aufweisen können als Fleischfresser und Menschen[3]. Nach OSCAR LOEW und TOYONAGA[8] enthält *weiße* Substanz viel weniger Ca (4 mg%) als graue (26—78 mg%).

Bei Erkrankungen fanden DENNSTEDT und RUMPF[9] normale Calciumwerte, ebenso v. MORACZEWSKI[6] bei Pneumonie und perniziöser Anämie, dagegen waren dessen Werte bei Carcinom erhöht (nicht so bei DENNSTEDT und RUMPF).

Das im Gehirn zu findende Eisen (nach LEMATTE und BEAUCHAMP[1] 5 bis 10 mg%) dürfte zum überwiegenden Teil aus dem Blut der Gefäße stammen, zum Teil aber auch sicher aus Ablagerungsstätten im Gewebe selbst[10]. Von seltenen Stoffen wurde Mangan und Lithium in Spuren nachgewiesen[11]. Über den Bromgehalt sind die Ansichten strittig[12], doch liegt kein Grund vor, daran zu zweifeln; ebenso sind die Spuren anderer Metalloide und Metalle mehrfach nachgewiesen worden (vgl. unten S. 86).

---

[1] LEMATTE u. BEAUCHAMP: C. r. Acad. Sci. Paris **181**, 578 (1925).

[2] MAGNUS-LEVY: Biochem. Z. **24**, 363 (1910).

[3] NOVI, IVO: Accad. science Bologna **9**, 329 (1912) — Arch. ital. de Biol. (Pisa) **58**, 333 (1912).

[4] WEIGERT: Mschr. Kinderheilk. **5**, 457 (1906) (Hunde). — MACCALLUM u. VOEGTLIN: J. of exper. Med. **11**, 118, 142 (1909). — DHÉRÉ u. GRIMMÉ: C. r. Soc. Biol. Paris **60**, 1119 (1910) (Kaninchen). — HEUBNER u. RONA: Biochem. Z. **93**, 353 (1919); **135**, 248 (1923) (Katzen).

[5] QUEST: Jb. Kinderheilk. **61**, 114 (1905).

[6] COHN, MICHAEL: Dtsch. med. Wschr. **1907**, 1987. — v. MORACZEWSKI: Hoppe-Seylers Z. **23**, 483 (1897).

[7] Vgl. auch BASIA MESSING: Mineralische Bestandteile im normalen und pathologischen Gehirn. Dissert. Zürich 1912 (sehr hohe Zahlen, Methodik?).

[8] LOEW, OSCAR, u. TOYONAGA: Münch. med. Wschr. **1910**, 2574 — Bull. Coll. Agricult Tokio **5**, 152; **6**, 92 (1904).

[9] DENNSTEDT u. RUMPF: Zitiert auf S. 78, Fußnote 3.

[10] Vgl. dazu SPATZ: Z. Neur. **89**, 130 (1924); **100**, 428 (1926).

[11] KEILHOLZ: Pharmac. Weekblad **58**, 1482 (1921) — Ronas Berichte **12**, 6 (1922).

[12] LABAT: C. r. Acad. Sci. Paris **156**, 255 (1913). — PILLAT: Hoppe-Seylers Z. **108**, 158 (1919). — DAMIENS: C. r. Acad. Sci. Paris **171**, 930 (1920). — BERNHARDT u. UCKO: Biochem. Z. **170**, 459 (1926).

     W. Heubner: Mineralbestand des Körpers.

## Leber.

Chlorid fand sich beim Menschen und Hunde 0,1—0,2% Cl[1], am Kaninchen 0,02%[2]; anorganisches und leicht abspaltbares Phosphat bei Mäusen 0,09%[3] (Gesamtphosphorsäure — nach Veraschung — etwa 1% $HPO_4$[4]). Für Kalium und Natrium gibt Boutiron[2] die Zahlen 0,4 und 0,06% an. Für Magnesium ermittelte Magnus-Levy[1] am Menschen den Wert von 17,5 mg% Mg, Toyonaga[5] an Tieren 9—12 mg%, Cahane[6] an Meerschweinchen im Mittel 22 mg%. Zahlreiche Analysen sind für Calcium bekannt: die Ergebnisse bewegen sich zwischen 5 und 15 mg% Ca[7].

Eisen kann bekanntlich in der Leber thesauriert werden. Die Analysenzahlen wechseln dementsprechend sehr stark (etwa zwischen 3 und 60 mg%). In blutfrei gespülten Lebern von Katzen und Hunden fand Bunge[8] 1—36 mg%. Skorbutvitaminose *senkt* den Eisengehalt der Leber[9], eiweißreiche Kost erhöht ihn[10]. Im Fetalleben des Menschen ist Ende des 5. und 9. Schwangerschaftsmonats je ein Maximum des Eisengehalts festzustellen[11].

In gleicher Weise aber, wenn auch meist in geringerer Menge, stapelt die Leber zahlreiche andere, insonderheit metallische Mineralstoffe auf, die dem Organismus mit der Nahrung zugeführt werden. Ebenso gilt dies in solchen Fällen, wo derartige Stoffe über das gewöhnliche Maß hinaus in den Körper gelangen (mit oder ohne symptomatisch erkennbare Vergiftung). Quantitativ scheint — wenigstens beim Menschen und den Haustieren — das Zink in der Leber zu überwiegen: Rost[12] fand bis 15 mg% Zn in menschlicher, bis 34 mg% in der Pferdeleber. Nach demselben Autor kann auch der *Kupfergehalt* bis 12 mg% steigen. van Itallie und van Eck[13] konnten schon in fetaler Leber 0,5 mg% Cu nachweisen. Zahlreiche neuere Analysen[14] ergaben 0,5—1,3 mg% Cu für frische gesunde menschliche Leber, dagegen höhere Werte bei Hämochromatose und Pigmentcirrhose, besonders aber bei Laennecscher Cirrhose (bis 11 mg%).

Auch Aluminium dürfte in der Leber niemals fehlen, wenn auch Gonnermanns[15] Zahlen sehr hoch und der Nachprüfung bedürftig erscheinen. Nach Misk[16] soll *Zinn* bis zu Zentigrammen auf 100 g Leber vorkommen. In kleineren Mengen

---

[1] Magnus-Levy: Zitiert auf S. 78, Fußnote 7. — Wahlgren u. Padtberg: Zitiert ebenda. — Damiens: C. r. Acad. Sci. Paris **171**, 930 (1920). — Vgl. auch Meyer-Bisch u. D. Bock: Zitiert auf S. 1489, Fußnote 10.

[2] Boutiron: C. r. Soc. Biol. Paris **94**, 1151 (1926).

[3] Cori: Amer. J. Physiol. **72**, 256 (1925).

[4] Heubner: Mineralstoffwechsel in Dietrich-Kaminers Handb. der Balneologie **2**, 206.

[5] Toyonaga: Zitiert auf S. 79, Fußnote 8.

[6] Cahane: C. r. Soc. Biol. Paris **100**, 577 (1929).

[7] Toyonaga: Zitiert auf S. 79, Fußnote 8. — Magnus-Levy: Zitiert auf S. 79, Fußnote 2. — Heubner u. Rona: Zitiert auf S. 79, Fußnote 4. — Denis u. Corley: Zitiert auf S. 76, Fußnote 12.

[8] Bunge: Hoppe-Seylers Z. **17**, 78 (1893).

[9] Randoin u. Michaux: C. r. Acad. Sci. Paris **185**, 365 (1927).

[10] Schwarz: Virchows Arch. **269**, 638 (1928).

[11] Boecker: Zbl. Path. **41**, 193 (1927).

[12] Rost u. Weitzel: Arb. Reichsgesdh.amt **51**, 494 (1919) — Ber. dtsch. pharmaz. Ges. **29**, 549 (1919). — Vgl. auch van Itallie u. van Eck[17] sowie Delezenne: Ann. Inst. Pasteur **33**, 68 (1919).

[13] van Itallie u. van Eck: Pharmac. Weekblad **1912**, 1157 (Maly **1912**, 372) — Arch. Pharmaz. **251**, 50 (1913).

[14] Kleinmann u. Klinke: Virchows Arch. **275**, 422 (1930). — Schönheimer u. Herkel: Hoppe-Seylers Z. **180**, 249 (1929) — Klin. Wschr. **1930**, 1449. — Vgl. Mallory: J. med. Res. **42**, 461 (1921) — Amer. J. Path. **1**, 117 (1925) — Arch. int. Med. **37**, 336 (1925).

[15] Gonnermann: Biochem. Z. **88**, 401 (1918); **95**, 286 (1919).

[16] Misk: C. r. Acad. Sci. Paris **176**, 138 (1923).

(Bruchteilen von Milligrammen je 100 g frischer Substanz) wurden Mangan[1], Arsen[2], Bor[3], Brom[4], Fluor[5] in der Leber gefunden.

## Haut.

Neuere Analysen von H. Brown[6] an der möglichst haar- und fettfreien, getrockneten Haut von Hunden, Kaninchen und (kranken) Menschen ergab für die Kationenbildner folgende Werte:

Tabelle 9. Basen in der Haut.

| | Na mg% | | | K mg% | | | Ca mg% | | | Mg mg% | | |
|---|---|---|---|---|---|---|---|---|---|---|---|---|
| | Maxi-mum | Mini-mum | Mittel | Maxi-mum | Mini-mum | Mittel | Maxi-mum | Mini-mum | Mittel | Maxi-mum | Mini-mum | Mittel |
| Mensch . . . . . | 408 | 298 | 360 | 339 | 168 | 239 | 59 | 34 | 46 | 38 | 20 | 30 |
| Hund . . . . . | 250 | 155 | 201 | 395 | 158 | 238 | 58 | 31 | 43 | 37 | 21 | 27 |
| Kaninchen . . . | 243 | 116 | 181 | 188 | 102 | 148 | 86 | 51 | 74 | 52 | 17 | 35 |

Der Mittelwert für den *Wassergehalt* der menschlichen Haut beträgt etwa 65%[7], so daß die Zahlen der Tabelle durchschnittlich mit dem Faktor 0,35 zu multiplizieren wären, um für *frische* Haut zu gelten. Beim Menschen schwankte für frische Haut der Natriumwert von 118—188 mg%, der Kaliumwert von 53—134 mg%, ohne daß Beziehungen zu Alter, Geschlecht, Rasse u. dgl. erkennbar gewesen wären. Dagegen zeigte Calcium und Magnesium einen deutlichen Wandel mit dem Lebensalter: Anstieg während des Fetallebens (auf etwa 20 mg% Ca; 18 mg% Mg), nach der Geburt zunächst Abfall bis zum 10. Jahre (auf etwa 9 mg% Ca; 7 mg% Mg), dann wieder langsamen Anstieg (auf etwa 17 mg% Ca; 15 mg% Mg im Alter). Das in der Haut vorkommende *Silicium* sinkt von der Geburt zum Alter langsam ab, von $7\frac{1}{2}$ auf $2\frac{1}{2}$ mg% Si im frischen Gewebe[8]. Zu dieser Angabe stimmt gut die Beobachtung von Kochmann und Maier[9], daß die Elastizität der Haut (von Mäusen) durch Kieselsäurezufuhr erhöht werden kann.

Nathan und Stern[10] fanden auf trockne menschliche Haut 200—300 mg% K und 20—30 mg% Ca, also etwa 60—100 K und 10 mal weniger Ca für frische Haut. Nach Wiechowski[11] wird der Calciumgehalt der Haut an Gewichtsmenge um das Doppelte, an Äquivalenten um das Fünffache durch *Aluminium* übertroffen, von dem er etwa 30 mg% Al ermittelte.

Der *Chlorid*gehalt der Haut ist durch die Zufuhr stark zu beeinflussen; sie kann Chlorid festhalten (mindestens für kürzere Zeit „thesaurieren"). Wahlgren[12] und Padtberg[13] fanden an Hunden nach intravenöser Zufuhr einiger Kubikzentimeter gesättigter Kochsalzlösung je Kilogramm im Mittel 0,366 statt 0,310% Cl

---


[1] Bertrand u. Medigreceanu: Ann. Inst. Pasteur **27**, 1, 282 (1913).

[2] U. a. besonders Gautier: C. r. Acad. Sci. Paris **129**; **130**; **131**; **134**; **135**; **137**; **139** (1899—1904).

[3] Bertrand u. Agulhon: C. r. Acad. Sci. Paris **155**, 248 (1912).

[4] Damiens: C. r. Acad. Sci. Paris **171**, 930 (1920).

[5] Zdarek: Hoppe-Seylers Z. **69**, 127 (1910). — Gautier u. Clausmann: C. r. Acad. Sci. Paris **156**, 1347, 1425; **157**, 94; **158**, 159 (1913/14).

[6] Brown, H.: J. of biol. Chem. **68**, 729 (1926); **75**, 789 (1927).

[7] Nach Brown 56—73%, nach Wohlgemuth u. Scherk 62—65%: Klin. Wschr. **1930**, 261. — Nach Nathan u. Stern 66—71%: Dermat. Z. **54**, 14, 232 (1928).

[8] Vgl. auch Hugo Schulz: Pflügers Arch. **84**, 67 (1901); **89**, 112 (1902) — Dtsch. med. Wschr. **1903**, 673.

[9] Kochmann u. Maier: Biochem. Z. **223**, 243 (1930).

[10] Nathan u. Stern: Zitiert diese Seite, Fußnote 7.

[11] Wiechowski: Münch. med. Wschr. **1921**, 1082.

[12] Wahlgren: Arch. f. exper. Path. **61**, 97 (1909).

[13] Padtberg: Arch. f. exper. Path. **63**, 60 (1910).

in der Haut. Ihre *Normalwerte* variierten allerdings von 0,24—0,48%. Nach
Padtbergs Schätzung nimmt die Haut (mit 15% des Körpergewichts) ein Drittel
bis drei Viertel der zugeführten Chloridmenge auf. Padtberg und Rosemann[1]
zeigten auch für den Chloridgehalt der *Nahrung* einen merklichen Einfluß auf
den Chloridgehalt der Haut; z. B. fand Rosemann bei Normalkost 28, bei chloridreicher Kost 34% des gesamten Körperchlorids in der Haut. Urbach[2] ermittelte
in menschlicher Haut, die beim Lebenden ausgestanzt wurde, einen Chloridgehalt
von 0,12—0,19%; auch er fand bei reichlicher Kochsalzzufuhr (10 Tage je 10 g)
eine Steigerung des Wertes um etwa 15%. Bei *Erkrankungen* der Haut kann
der Chloridgehalt ebenfalls erheblich steigen, so bei Ekzem, Psoriasis, Erysipel,
besonders aber bei Pemphigus. Ein (oft beträchtlicher) Teil dieser Erhöhung
ist durch stärkere Durchtränkung des Gewebes mit Gewebsflüssigkeit bedingt;
*Hautblasen* sind sehr viel reicher an Chlorid als Hautgewebe, entsprechend der
auch sonst angetroffenen Gesetzmäßigkeit stets etwas über den Gehalt des Blutserums hinaus[3]. Nathan und Stern[4] beschrieben bei akuten Hautentzündungen
Vermehrung des Kalium- und relative Verminderung des Calciumgehaltes, Gans
und Pakheiser[5] bei Ekzem eine Verschiebung von Calcium aus der Cutis in
die Epidermis. Nach Pankreasexstirpation an Hunden fanden Meyer-Bisch
und D. Bock[6] meist etwas weniger Chlorid und Natrium als an demselben
Individuum vorher.

Von den *Hautschuppen* scharlachkranker Japaner untersuchte Jono[7] die
Asche, die 1,5% des frischen und 1,9% des getrockneten Materials betrug; er
fand 13,3% Na; 14,9% K; 5,2% Ca; 11,5% Mg; 18,4% $SiO_2$; 0,05% Fe; Spuren As.
(Die Zahlen entsprechen für die Epidermisschuppen: 0,20% Na; 0,23% K;
0,08% Ca; 0,18% Mg; 0,27% $SiO_2$; 0,8 mg% Fe.) In den Haaren ermittelte
Ikeuchi[8] bei Kindern 26—74, bei Frauen 65—157, bei Männern 32—57, bei
Greisen 26—48 mg% Ca; weiße Haare der gleichen Person waren calcium-
ärmer als schwarze (26—35 gegen 54—79 mg%). Beim Kaninchen enthielten
schwarze Haare 0,17—0,32; graue und braune 0,13 bis 0,18; weiße 0,02 bis
0,10% Ca. *Arsen* wies Schäfer[9] bis 0,005 mg% in den Haaren menschlicher Leichen nach. Auch *Fluor* ist in den Haaren (Nägeln, Epidermis)
reichlicher (bis 4 mg%) enthalten als in den meisten weichen Gebilden des
Körpers[10].

Einer besonderen Besprechung bedürfen noch die älteren Befunde von
Luithlen[11], der die Haut von Kaninchen nach verschiedenartiger Fütterung auf
die Basen analysierte und die gefundenen Differenzen, vor allem in den Äqui-
valentverhältnissen, mit Unterschieden der Empfindlichkeit gegenüber Ent-
zündungsreizen in Beziehung setzte. Die Beweiskraft dieser Befunde, die lange
Zeit als äußerst wichtig und grundsätzlich angesehen wurden, ist durch die
Analysen Browns[12] stark erschüttert (vgl. Tabelle 9, S. 81). Die Zahlen
Luithlens waren:

---

[1] Rosemann: Pflügers Arch. **142**, 208, 447 (1911).

[2] Urbach: Zbl. Hautkrkh. **26**, 217 (1928) — Arch. f. Dermat. **156**, 73 (1928).

[3] Urbach: Klin. Wschr. **1929**, 2094.

[4] Nathan u. Stern: Zitiert auf S. 81, Fußnote 7.

[5] Gans u. Pakheiser: Dermat. Wschr. **78**, 249 (1924). — Vgl. auch Moncorps u.
Bohnstedt: Arch. f. exper. Path. **152**, 57 (1930).

[6] Meyer-Bisch u. D. Bock: Z. exper. Med. **54**, 145 (1927).

[7] Jono: J. of Biochem. **10**, 311 (1929). — Nach Ronas Ber. **51**, 224 (1929).

[8] Ikeuchi: J. of orient. Med. **7**, 1 (1927). — Nach Ronas Ber. **42**, 394 (1929).

[9] Schäfer: Ann. chim. analyt. appl. **12**, 32 (1907).

[10] Gautier u. Clausmann: C. r. Acad. Sci. Paris **157**, 94 (1913).

[11] Luithlen: Arch. f. exper. Path. **69**, 365 (1912).

[12] Brown: Zitiert auf S. 81, Fußnote 6.

**Tabelle 10. Haut von Kaninchen.**

| Vorbehandlung | Körpergewicht % | H$_2$O % | Na mg% | K mg% | Ca mg% | Mg mg% |
|---|---|---|---|---|---|---|
| 10 Tage gemischtes Futter | 1,5 | 64,0 | 179 | 204 | 18,2 | 8,5 |
| 10 Tage Hafer . . . . . | 2,2 | 59,5 | 69 | 119 | 9,2 | 3,8 |
| 30 Tage Grünfutter (dabei Abnahme) . . . . . . | 2,6 | 62,9 | 89 | 105 | 11,3 | 8,6 |
| Allmähliche Salzsäureververgiftung im Verlauf von 7 Tagen, dabei starke Abnahme . . . . . | 2,9 | 52,1 | 62 | 138 | 22,8 | 9,4 |
| Oxalatvergiftung, 4 Tage dauernd, mäßige Abnahme. . . . . . . . | 2,2 | 62,3 | 137 | 59 | 13,2 | 5,4 |

Aus diesen Zahlen ergeben sich folgende Werte für die Äquivalente:

**Tabelle 11.**

| | Summe der Milliäquivalente in 100 g trockener Haut | % der Äquivalentensumme | | | |
|---|---|---|---|---|---|
| | | Na | K | Ca | Mg |
| Normalfutter . . . | 41,5 | 65,0 | 24,3 | 6,0 | 4,7 |
| Grünfutter . . . . | 16,7 | 49,5 | 34,2 | 7,2 | 9,1 |
| Hafer . . . . . . | 21,2 | 44,5 | 44,1 | 6,8 | 4,6 |
| Salzsäurevergiftung | 17,0 | 33,2 | 43,3 | 14,0 | 9,5 |
| Oxalatvergiftung . | 22,7 | 69,5 | 17,6 | 5,2 | 7,7 |

Eine klare Übersicht läßt sich aus diesen Zahlen nicht gewinnen; am auffälligsten ist die Höhe der Basen*summe* in dem ersten Versuch (mit Normalkost). Warum die Reaktion auf Entzündungsreiz bei Haferfütterung, Salzsäure- oder Oxalatvergiftung stark, bei Grünfutter gering war, läßt sich auf Grund dieser Befunde nicht verstehen.

Vergleicht man LUITHLENS Zahlen mit denen von BROWN, der die Haut von 18 Normalkaninchen nach mehrmonatiger Fütterung mit gemischter, doch gleichmäßiger Kost analysierte (seine Werte jedoch nur für die Trockensubstanz angibt), so fällt es auf, daß die Äquivalentensumme der 4 Basen niemals so hoch ist wie in dem ersten Versuch von LUITHLEN; sie bewegt sich bei BROWN zwischen 14 und 21 Milliäquivalenten auf 100 g Trockensubstanz. Auch sonstige Abweichungen sind zu bemerken, vor allem höhere Werte für die zweiwertigen Basen im Verhältnis zu den einwertigen bei BROWN. Wegen der prinzipiellen Wichtigkeit der Frage, wieweit ein konstantes Äquivalentverhältnis für normale Organe charakteristisch ist, seien die Befunde von BROWN nach Umrechnung seiner Zahlen mitgeteilt[1] (vgl. Tabelle 12, S. 1498).

In dieser Zahlenreihe schwankt das Verhältnis Na:K von 1,1—3,1; K:Ca von 0,8—1,6; Ca:Mg von 0,7—1,9, endlich das Verhältnis der einwertigen zu den zweiwertigen von 1,3—2,6. Von irgendeiner faßbaren Gesetzmäßigkeit läßt sich daher leider nicht sprechen.

Auch beim Hunde fand BROWN kein wesentlich anderes Bild, wenn auch im *ganzen* eine Artverschiedenheit erkennbar ist, besonders insofern, als die zweiwertigen Metalle quantitativ etwas mehr zurücktreten (vgl. Tab. 13).

---

[1] BROWN: J. of biol. Chem. **68**, 733, 734 (1926).

**Tabelle 12. Äquivalente der Basen im Trockengewicht normaler Kaninchenhaut.**
(Berechnet nach Analysen von H. Brown.)

| Nr. des Tieres | Summe Milliäquivalente in 100 g | % der Äquivalentensumme | | | |
|---|---|---|---|---|---|
| | | Na | K | Ca | Mg |
| 77 | 14,6 | 34,6 | 30,5 | 18,9 | 16,0 |
| 79 | 14,7 | 38,5 | 17,9 | 21,4 | 22,2 |
| 1 | 15,8 | 49,8 | 17,2 | 16,1 | 16,9 |
| 4 | 16,0 | 37,2 | 24,8 | 17,8 | 20,2 |
| 52 | 16,2 | 40,0 | 29,7 | 18,5 | 11,8 |
| 5 | 16,3 | 46,0 | 24,9 | 18,4 | 10,7 |
| 64 | 17,1 | 52,3 | 23,9 | 15,5 | 8,3 |
| 58 | 18,0 | 48,3 | 19,1 | 19,7 | 12,9 |
| 63 | 18,1 | 47,8 | 17,3 | 17,4 | 17,5 |
| 3 | 18,2 | 35,8 | 24,2 | 18,4 | 21,6 |
| 61 | 18,6 | 42,1 | 20,7 | 17,5 | 19,7 |
| 72 | 19,0 | 44,1 | 21,8 | 17,4 | 16,7 |
| D S 1 | 19,0 | 44,9 | 20,2 | 18,7 | 16,2 |
| 65 | 19,3 | 37,8 | 23,7 | 16,1 | 22,4 |
| 67 | 19,4 | 54,1 | 18,3 | 14,7 | 12,9 |
| 57 | 19,9 | 53,1 | 17,1 | 14,3 | 15,5 |
| 2 | 20,2 | 45,2 | 19,4 | 16,8 | 18,6 |
| 71 | 20,7 | 40,2 | 18,1 | 20,8 | 20,9 |
| Mittel | | 44,0 | 21,6 | 17,6 | 16,8 |

**Tabelle 13. Äquivalente der Basen im Trockengewicht normaler Hundehaut.**
(Berechnet nach Analysen von H. Brown.)

| Nr. des Tieres | Summe der Milliäquivalente in 100 g | % der Äquivalentensumme | | | |
|---|---|---|---|---|---|
| | | Na | K | Ca | Mg |
| 9 | 15,5 | 50,8 | 26,2 | 10,1 | 12,9 |
| 2 | 17,0 | 48,0 | 29,0 | 12,3 | 10,7 |
| 7 | 17,1 | 47,6 | 28,3 | 9,9 | 14,2 |
| 6 | 18,0 | 45,5 | 31,8 | 11,1 | 11,6 |
| 10 | 18,0 | 45,8 | 30,5 | 10,8 | 12,9 |
| 4 | 19,7 | 51,3 | 28,2 | 10,4 | 10,1 |
| 5 | 19,9 | 48,1 | 33,3 | 9,8 | 8,8 |
| 8 | 19,9 | 54,6 | 22,6 | 11,1 | 11,7 |
| 3 | 22,8 | 29,6 | 44,4 | 12,5 | 13,5 |
| 1 | 24,0 | 38,8 | 38,8 | 12,0 | 10,4 |
| Mittel | | 46,0 | 31,3 | 11,0 | 11,7 |

Relativ gut konstant erscheinen bei dieser Form der Berechnung die Werte für das Calcium, für das die originalen Analysenzahlen zwischen 31 und 58 mg% schwanken (vgl. oben S. 81, Tabelle 9). Die Werte für den Menschen (bei verschiedenen Allgemeinerkrankungen, vgl. oben Tabelle 9) zeigen etwa dasselbe Verhältnis für Kalium, Calcium und Magnesium, während der Natriumgehalt erheblich höher ist. Das Verhältnis K:Ca:Mg ist im Mittel beim Hunde 2,84: 1,00:1,06; beim Menschen 2,65: 1,00:1,06; demgegenüber ist das Verhältnis des *Natriums* zu der Summe der drei anderen Basen beim Hunde 0,85; beim Menschen 1,44. Vielleicht hängt das mit der „Kochsalzplethora" des Menschen (nach Veil[1]) zusammen, wenn man annimmt, daß das Natrium mit dem Chlorid zusammen in der Haut gespeichert werden kann.

---

[1] Veil: Biochem. Z. **91**, 274, 285 (1918).

**Tabelle 14. Äquivalente der Basen im Trockengewicht menschlicher Haut.**
(Berechnet nach Analysen von H. Brown.)

| Nr. | Alter Jahre | Ge-schlecht | Rasse | Erkrankung | Basensumme der Milli-äquivalente auf 100 g | % der Äquivalentensumme | | | |
|---|---|---|---|---|---|---|---|---|---|
| | | | | | | Na | K | Ca | Mg |
| 10175 | 28 | m. | Neger | Lungentuberkulose | 23,2 | 56,0 | 28,6 | 8,2 | 7,2 |
| 10174 | 34 | m. | Neger | Lebercirrhose | 24,5 | 58,7 | 26,2 | 6,9 | 8,2 |
| 10093 | 87 | w. | weiß | Brustkrebs | 24,9 | 58,2 | 17,3 | 11,8 | 12,7 |
| 9941 | 82 | w. | Negerin | senile Demenz, Syphilis | 25,3 | 52,6 | 28,0 | 9,5 | 9,9 |
| 10108 | 65 | w. | weiß | chronische Myokardi-tis | 25,9 | 63,4 | 20,0 | 8,9 | 7,7 |
| 6596 | 25 | w. | weiß | Knochensarkom | 26,7 | 61,9 | 19,6 | 7,5 | 11,0 |
| 10279 | 76 | m. | weiß | Pellagra, Arterioskler. | 26,7 | 61,9 | 20,0 | 8,4 | 9,7 |
| 9947 | 70 | w. | weiß | subakute Peritonitis Diabetes | 27,4 | 63,6 | 17,6 | 10,0 | 8,8 |
| 10215 | 51 | m. | weiß | Pellagra | 29,6 | 56,7 | 29,3 | 6,4 | 7,6 |
| 10107 | 70 | m. | weiß | chron. Myokarditis | 31,4 | 56,6 | 24,2 | 9,4 | 9,8 |
| | | | | Mittel | | 59,0 | 23,1 | 8,7 | 9,2 |

## Sonstige Organe.

Noch mehr als manche der bereits früher mitgeteilten Befunde müssen solche Ergebnisse von Reihenuntersuchungen an normalen Individuen, wie sie Brown für die Haut von Tieren ausgeführt hat, davor warnen, aus einzelnen oder wenigen Analysendaten irgendwelche Schlüsse zu ziehen. Für die meisten Organe liegen nur solche vereinzelten Zahlen vor, von denen einige hier summarisch zusammengestellt seien, ohne daß damit ihr Wert überschätzt sei.

Bei einem gesunden Selbstmörder fand Magnus-Levy[1] in:

**Tabelle 15.**

| | % Cl | mg% Ca | mg% Mg | mg% Fe |
|---|---|---|---|---|
| Milz . . . . . . . . . . | 0,16 | 9 | 14 | 72 |
| Lunge . . . . . . . . . | 0,26 | 17 | 7 | 67 |
| Niere . . . . . . . . . | 0,21 | 19 | 21 | 16 |
| Darm. . . . . . . . . . | 0,06 | 14 | 7 | 13 |
| Pankreas . . . . . . . . | 0,16 | 16 | 17 | 5 |
| Speicheldrüsen . . . . . | 0,14 | 13 | — | 6 |
| Schilddrüse . . . . . . . | 0,17 | — | 10 | 6 |
| Hoden . . . . . . . . . | 0,23 | 8 | 10 | 5 |

Für Niere, Nebenniere und Pankreas finden sich folgende Zahlen:

**Tabelle 16.**

| Organ (frisch) | Tierart | % Cl | % Na | % K | mg% Ca | mg% Mg | Autor |
|---|---|---|---|---|---|---|---|
| Niere . . . . . . . . . . | Kaninchen | 0,03 | 0,15 | 0,25 | 50 | — | Boutiron[2] |
| Nebennieren . . . . . . | gesunder Mensch | 0,05 | 0,04 | 0,10 | 16 | 10 | Marx[3] |
| Pankreas . . . . . . . . | gesunder Mensch | 0,08 | 0,09 | 0,23 | 14 | 27 | Marx[3] |

Auf Chlorid führten Wahlgren[4] am Hund, Damiens[5] am Hund und Menschen zahlreiche Organanalysen aus; ihre Zahlen liegen für die Milz bei 0,20; Lunge 0,21—0,24; Niere 0,17—0,26; Darm 0,17; Schilddrüse, Nebenniere und Hoden 0,22% Cl.

[1] Magnus-Levy: Biochem. Z. **24**, 363 (1910).
[2] Boutiron: C. r. Soc. Biol. Paris **94**, 1151 (1926).
[3] Marx: Biochem. Z. **179**, 414 (1926).
[4] Wahlgren: Arch. f. exper. Path. **61**, 97 (1909).
[5] Damiens: C. r. Acad. Sci. Paris **171**, 930 (1920).

*Calciumanalysen* an Organen von Katzen teilten Rona und Heubner[1], von Kaninchen Denis und Corley[2] mit. In beiden Versuchsreihen waren die Werte in ziemlich weitem Bereich schwankend, und zwar — soweit erkennbar — *regellos* schwankend[3]. Als charakteristisch trat an Katzen nur der hohe Kalkwert des Enddarms hervor; ferner erwies sich das Nieren*mark* wesentlich calciumreicher als die Nierenrinde. Eine Übersicht gibt Tabelle 17:

Tabelle 17. **Calciumwerte in Katzenorganen.** (Nach Heubner und Rona.)

| Organ | Zahl der analysierten | | mg% Ca der frischen Substanz | | |
|---|---|---|---|---|---|
| | Tiere | Organstücke | Minimum | Maximum | Mittel |
| Milz . . . . . . . | 2 | 2 | 7 | 10 | 8 |
| Lunge . . . . . . | 5 | 5 | 12 | 25 | 18 |
| Niere . . . . . | 8 | 13 | 5 | 13 | 7 |
| Dünndarm . . . . | 4 | 11 | 8 | 19 | 12 |
| Enddarm . . . . . | 3 | 3 | 23 | 32 | 27 |

(*Gesamtphosphat* findet sich in den großen Organen — Leber, Milz, Niere — etwa in einer Menge von 1% $HPO_4$[4].)

Anhangsweise sei auch noch erwähnt, daß offenbar alle Organe in ihrem Stoffwechsel *Ammoniak* bilden, wenigstens bei Mangel an Kohlehydrat. Der Muskel wird darin in zunehmendem Grade von Leber, Pankreas, Hoden, Thymus, Netzhaut und grauer Hirnsubstanz übertroffen[5].

*Kieselsäure* ist ein regelmäßiger Bestandteil des *Bindegewebes* und damit aller Organe[6]. Doch fehlt sie auch nicht in rein epithelialen Gebilden wie in der Augenlinse, in den Haaren und Federn[7]. Am reichlichsten ist sie jedoch im *jugendlichen* Bindegewebe, wie in der Gallertsubstanz der Nabelschnur, in der Hugo Schulz[6] 25—40 mg% $SiO_2$ der Trockensubstanz ermittelte; in den Sehnen fand er 6 mg%. King[8] bestimmte in Leber, Niere und Lunge von Hund und Kaninchen Werte zwischen 15 und 46, in einer Menschenlunge 140 mg% $SiO_2$. Relativ reich ist nach Kahle[7] das Pankreas (14 mg%), wo bei florider Tuberkulose eine Abnahme, bei Carcinom eine Zunahme festzustellen war. In kropfiger Schilddrüse fand Hugo Schulz ebenfalls mehr als in normaler (bis 43 gegen 8 mg% $SiO_2$).

Von anderen Nichtmetallen, die in kleinerer Menge in verschiedenen Organen vorkommen, sind zu nennen Fluor[9], Brom[10], Jod, Bor[11], Arsen[12]. Besonders reich

---

[1] Rona u. Heubner: Biochem. Z. **93**, 353 (1919): **135**, 248 (1923).
[2] Denis u. Corley: J. of biol. Chem. **66**, 609 (1925).          [3] Vgl. dazu oben S. 76.
[4] Vgl. Forbes u. Keith: Phosphorous Compound sin animal Metabolism. Ohio agricult. exper. Stat., technical series Bull. Nr 5 (1914). — Heubner: Mineralstoffwechsel in Dietrich-Kaminers Handb. der Balneologie **2**, 206 (1922).
[5] Warburg, O., Negelein u. Posener: Biochem. Z. **152**, 335 (1924).
[6] Schulz, Hugo: Pflügers Arch. **84**, 67 (1901); **89**, 112 (1902); **131**, 447 (1910); **144**, 346 (1912) — Biochem. Z. **46**, 376 (1912).
[7] Vgl. auch Drechsel: Zbl. Physiol. **11**, 361 (1897). — Frauenberger: Hoppe-Seylers Z. **57**, 17 (1908). — Kahle u. Weyland: Münch. med. Wschr. **1914**, 752. — Kühn: Die Kieselsäure. Stuttgart: F. Enke 1926.
[8] King: J. of biol. Chem. **80**, 25 (1928).
[9] Zdarek: Hoppe-Seylers Z. **69**, 127 (1910). — Gautier u. Clausmann: C. r. Acad. Sci. Paris **156**, 1347, 1425; **157**, 94; **158**, 159 (1913/14).
[10] Damiens: C. r. Acad. Sci. Paris **171**, 930 (1920). — Bernhardt u. Ucko: Biochem. Z. **170**, 459 (1926).
[11] Bertrand u. Agulhon: C. r. Acad. Sci. Paris **155**, 248 (1912); **156**, 732 (1913). — Moscati: Arch. di Sci. biol. **3**, 279 (1922).
[12] Gautier: Zitiert auf S. 81, Fußnote 2. — Schäfer: Ann. chim. analyt. appl. **12**, 32 (1907). — Bloemendal: Dissert. Leiden 1908; nach Malys Jahresbericht **1908**, 141. — de Haas: Graefes Arch. **99**, 16 (1919). — Keilholz: Pharmac. Weekblad **58**, 1482 (1921); nach Ronas Berichten **12**, 6.

an Brom ist nach BERNHARDT und UCKO die Hypophyse (mit mehr als 12,5 mg%
beim Hunde, bis zu 30 mg% beim Menschen), ihr folgen Nebenniere (ca. 5), Aorta
und Schilddrüse. Das Vorkommen von Brom in der Schilddrüse erkennt auch
LABAT[1] an, der es in anderen inneren Organen nicht nachweisen konnte. Seine
chemische Verwandtschaft zum Jod, das in der Schilddrüse ja relativ reichlich
im Mittel — zu etwa 50 mg% — vorkommt, läßt dies verständlich erscheinen.
Die Nebenschilddrüsen, die Ovarien, die Hypophyse und die Thymus enthalten nach HJORT, GRUHZIT und FLIEGER[2] 3—6 mg Jod in 100 g Trockensubstanz.

Metalle fanden sich in vielen Organen ebenfalls reichlich, meist ubiquitär;
neben dem überall vorkommenden und als lebensnotwendig anerkannten Eisen
scheint nirgends Zink und Kupfer zu fehlen[3]. Interessanterweise wurden beide
Metalle (etwa 0,4 mg% Zn und 10mal weniger Cu) auch in Seetieren nachgewiesen[4]. Aluminium kann auch als regelmäßiger Bestandteil in den Geweben
angesehen werden, wird es doch durch Zufuhr mit der Nahrung (Backpulver)
angereichert[5]. Ebenso ist Zinn außer in Leber und Hirn auch in Nieren, Lungen
und Magen gefunden worden[6], und zwar keineswegs nur in verschwindender
Menge. Spurenweise kommt Mangan[7] und Lithium[8] vor.

## Pathologische Gebilde.

Über die wesentlichen Basenbildner der Tumoren haben u. a. BEEBE[9] und
WATERMAN[10] Analysen geliefert, deren Ergebnis Tabelle 19 wiedergibt. Er-
wähnenswert ist noch BEEBES Vergleich eines primären Pankreascarcinoms mit
den Lebermetastasen und dem normalen Lebergewebe; Tabelle 18 gibt mg% auf
Trockensubstanz:

**Tabelle 18.**

|  | Na | K | Ca |
|---|---|---|---|
| Pankreasgeschwulst . . . . . . . | 1,02 | 0,38 | 0,10 |
| Lebermetastase . . . . . . . . . | 1,34 | 0,97 | 0,08 |
| gesundes Lebergewebe . . . . . | 1,27 | 0,83 | 0,05 |

WATERMAN zieht aus seinen Befunden die Schlußfolgerung, daß rasch
wachsende Tumoren einen relativ hohen Kaliumwert aufweisen, daher auch
hohe Zahlen für das Verhältnis K:Na und K:Ca; viel Calcium entspricht
langsamem Wachstum und beginnenden Degenerationsprozessen. Durch
mikrochemische Untersuchungen suchte er diese Befunde weiter zu differen-
zieren[11].

---

[1] LABAT: C. r. Acad. Sci. Paris **156**, 255 (1913).
[2] HJORT, GRUHZIT u. FLIEGER: J. Labor. a. clin. Med. **10**, 979 (1925).
[3] VAN ITALLIE u. VAN ECK: Arch. Pharmaz. **251**, 50 (1913). — ROST u. WEITZEL: Arb.
Reichsgesdh.amt **51**, 494 (1919) — Ber. dtsch. pharmaz. Ges. **29**, 549 (1919). — DÉLÉZENNE:
Ann. Inst. Pasteur **33**, 68 (1919).
[4] SEVERY: J. of biol. Chem. **55**, 79 (1923).
[5] KAHN: Biochem. Bull. **1**, 235 (1911). — STEEL: Amer. J. Physiol. **28**, 94 (1911). —
LEARY u. SHEIB: J. amer. chem. Soc. **39**, 1066 (1917). — GONNERMANN: Biochem. Z. **88**,
401 (1918); **95**, 286 (1919).
[6] MISK: C. r. Acad. Sci. Paris **176**, 138 (1923).
[7] BERTRAND u. MEDIGRECEANU: Ann. Inst. Pasteur **27**, 1, 282 (1913).
[8] KEILHOLZ: Zitiert auf S. 79, Fußnote 11.
[9] BEEBE: Proc. N. Y. path. Soc. 4 (1905) — Amer. J. Physiol. **12**, 167 (1904). — Vgl.
auch CLOWES u. FRISBIE: Ebenda **14**, 173 (1905).
[10] WATERMAN: Arch. néerl. Physiol. **5**, 305 (1921).
[11] WATERMAN: Biochem. Z. **133**, 535 (1922).

### Tabelle 19. Basen in Geschwülsten (Trockensubstanz).

| Organ oder Tier | Geschwulst | % Na | % K | % Ca | Autor |
|---|---|---|---|---|---|
| Mamma | Carcinom | 1,20 | 0,95 | 0,05 | Waterman |
| Mamma | Carcinom | 1,09 | 0,79 | 0,08 | Waterman |
| Mamma | Carcinom | 0,77 | 0,52 | 0,15 | Waterman |
| Mamma | Carcinom | 0,81 | 1,16 | 0,03 | Waterman |
| Mamma | Carcinom | 0,65 | 0,40 | 0,10 | Waterman |
| Magen | Carcinom | 0,86 | 0,89 | 0,07 | Beebe |
| Kiefer | Carcinom | 0,89 | 0,92 | 0,42 | Waterman |
| Kiefer | Carcinom | 0,65 | 1,00 | 0,09 | Waterman |
| Rectum | Carcinom | 1,28 | 0,10 | 0,28 | Waterman |
| Leber | Carcinom | 0,86 | 0,52 | 0,09 | Beebe |
| Cervix | Epitheliom | 1,09 | 0,64 | 0,11 | Beebe |
| Mamma | Fibroadenom | 0,36 | 0,08 | 0,10 | Waterman |
| Niere | Hypernephrom | 0,48 | 0,13 | 0,07 | Beebe |
| ? | Sarkom | 0,84 | 1,31 | 0,05 | Waterman |
| Humerus | Sarkom | 1,28 | 0,96 | 0,05 | Waterman |
| Orbita | Sarkom | 0,84 | 0,73 | 0,26 | Waterman |
| ? | Sarkom | 3,32. | 1,62 | 0,06 | Beebe |
| ? | Sarkom | 1,99 | 1,12 | 0,07 | Beebe |
| ? | Sarkom | 0,72 | 0,06 | 0,08 | Beebe |
| Parotis | Endotheliom (gutartig) | 2,48 | 0,56 | 0,08 | Waterman |
| Uterus | Fibromyom (degeneriert) | 0,48 | 0,02 | 2,02 | Waterman |
| Uterus | Fibrom | 1,12 | 0,44 | 0,08 | Beebe |
| Ovarium | Fibrom | 0,96 | 0,22 | 0,08 | Waterman |
| Ratte | Carcinom | 1,74 | 0,90 | 0,23 | Waterman |
| Ratte | Sarkom | 1,27 | 1,14 | 0,07 | Waterman |
| Hund | Melanosarkom | 1,03 | 0,64 | 0,33 | Waterman |
| Huhnniere | Sarkom (rasch wachsend) | 1,07 | 0,96 | 0,01 | Waterman |
| Huhn | Roussarkom | 1,05 | 0,83 | 0,07 | Waterman |
| Huhn | Roussarkom (jung) | 1,34 | 0,78 | 0,13 | Waterman |
| Huhn | dasselbe (alt) | 1,46 | 0,45 | 0,15 | Waterman |
| Huhn | Roussarkom | 2,29 | 0,37 | 0,11 | Waterman |
| Huhn | dasselbe (alt) | 2,08 | 0,25 | 0,19 | Waterman |
| Huhn | Roussarkom | 2,08 | 0,88 | 0,14 | Waterman |
| Huhn | Roussarkom-Metastase | 1,28 | 0,67 | 0,06 | Waterman |
| Huhn | Roussarkom-Metastase | 0,96 | 0,74 | 0,10 | Waterman |
| Huhn | Roussarkom (degeneriert) | 3,05 | 0,29 | 0,20 | Waterman |

### Tabelle 20. Analysen von Verkalkungen.

| Organ | % Ca | % PO₄ | % CO₃ |
|---|---|---|---|
| Aorta (Schönheimer) . . . . . . . . . . . | 34,5 | 42,6 | 6,4 |
| „ „ . . . . . . . . . . . | 35,7 | 41,7 | 7,5 |
| Aortenklappe (Kramer und Shear) . . . . . | 32,3 | 45,7 | 4,7 |
| „ „ „ „ . | 27,4 | 35,6 | 4,5 |
| „ „ „ „ . | 27,4 | 35,6 | 4,5 |
| Lymphknoten . . . . . . . . . . . . . . | 31,7 | 27,9 | 4,2 |
| „ . . . . . . . . . . . . . | 32,9 | 46,0 | 6,4 |
| „ . . . . . . . . . . . . . | 20,2 | 45,1 | 6,4 |
| „ . . . . . . . . . . . . . | 23,6 | 32,2 | 6,2 |
| „ . . . . . . . . . . . . . | 33,1 | 45,4 | 6,5 |
| „ . . . . . . . . . . . . . | 33,2 | 45,1 | 6,7 |
| „ . . . . . . . . . . . . . | 33,2 | 45,4 | 6,6 |
| „ . . . . . . . . . . . . . | 31,1 | 41,7 | 6,4 |
| „ . . . . . . . . . . . . . | 30,6 | 41,7 | 6,5 |
| Milzkapsel . . . . . . . . . . . . . | 27,4 | 36,5 | 6,1 |
| „ . . . . . . . . . . . . . | 23,8 | 31,9 | 6,8 |
| „ . . . . . . . . . . . . . | 23,3 | 32,2 | 6,0 |
| Fibrom des Uterus . . . . . . . . . . . | 30,9 | 41,7 | 6,5 |
| „ „ „ . . . . . . . . . . | 31,7 | 40,5 | 8,0 |
| „ „ „ . . . . . . . . . . | 31,3 | 40,5 | 7,8 |
| Schilddrüse . . . . . . . . . . . . . | 20,1 | 27,9 | 4,1 |
| „ . . . . . . . . . . . . . | 20,2 | 27,9 | 4,4 |

In verkalkten Herden wurden von KRAMER und SHEAR[1], in solchen von der Aorta auch von SCHÖNHEIMER[2] Analysen auf Calcium, Phosphat und Carbonat zwecks Vergleichs mit den Knochensalzen vorgenommen. Die Ergebnisse gibt Tabelle 20 wieder.

## Milch.

Die Milch ist als Beispiel eines Drüsensekrets sowie als Nahrungsmittel für den jugendlichen Organismus zur Zeit seines stärksten Wachstums auch in bezug auf ihren Mineralgehalt von besonderem Interesse, daher auch vielfach untersucht[3]. Die drei bekanntesten Milcharten von der Frau, der Kuh und der Ziege zeigen Artunterschiede, die mit dem Tempo des Wachstums im Saugalter zusammenhängen. Die Milchen der beiden Tiere sind relativ reich an Asche: etwa 0,75 gegen 0,25% in der Frauenmilch[4]; daran sind im wesentlichen Calcium und Phosphat beteiligt: Kuhmilch enthält im Mittel etwa 0,12% Ca und 0,3% $HPO_4$; Frauenmilch 0,05% Ca und 0,04% $HPO_4$ *Gesamtphosphor*. Von diesen Phosphormengen sind nach neueren Analysen[5] in der Kuhmilch im Mittel 208, in der Frauenmilch 15 mg% $HPO_4$ als anorganisch anzusehen. Bei den Konzentrationen 0,12% Ca und 0,21% $HPO_4$ in der Kuhmilch ist natürlich das Problem der *Lösung* dieser beiden Komponenten sehr ins Auge fallend; denn von *echter* ionaler Lösung kann bei dem $p_H$ der frischen Milch (7,0—7,1[6]) gar keine Rede sein. Die Verhältnisse in der Kuhmilch bieten natürlich auch Interesse im Hinblick auf die Frauenmilch, ja sogar auf das Blutserum.

Schon lange hat man mit guten Gründen Beziehungen zwischen dem Calciumphosphat und dem Casein der Milch gesucht[7]. Durch Untersuchungen von GYÖRGY[8] ist festgestellt worden, daß nicht nur Ansäuern, sondern auch tryptische Verdauung bei der neutralen Reaktion der frischen Milch das Calcium vermehrt dialysierbar macht; dabei wächst auch im Dialysat die Menge von Calcium wie von Phosphat weit über die Grenze des Löslichkeitsprodukts hinaus. Diese Tatsachen lassen sich schwer anders deuten, als daß das Calcium in einer löslicheren Komplexverbindung vorliegt; die ziemlich reichliche Gegenwart von *Citrat* in der Milch (ca. 3—10 Millimol), und zwar bei den verschiedenen Tierarten in einigermaßen konstanter Proportion zum Calcium macht ja diese Deutung besonders plausibel[9].

Der Gehalt an diesen (wie an anderen) Mineralstoffen ist nicht konstant, sondern variiert in weiten Grenzen, nicht allein bei verschiedenen Individuen, sondern von Saugakt zu Saugakt, ja während des einzelnen Saugaktes; so fand z. B. STRANSKY[10] während des Stillens ein Absinken der Calciumwerte von 47 bis 70 mg% auf 20—21 mg% Ca. STOCKREITER[11] verfolgte an Ziegen die Wandlungen des Chloridgehaltes während einer Lactationsperiode und fand einen Anstieg von 0,1 auf 0,2% Cl, während die Unterschiede verschiedener Tagesportionen 10—15, die Unterschiede in den gleichzeitigen Produkten der beiden


[1] KRAMER u. SHEAR: J. of biol. Chem. **79**, 121 (1928).

[2] SCHÖNHEIMER: Hoppe-Seylers Z. **177**, 143 (1928).

[3] Vgl. OPPENHEIMER u. PINCUSSEN: Tab. biol. **2**, 536ff.

[4] HEUBNER: Mineralstoffwechsel in Dietrich-Kaminers Handb. der Balneologie **2**, 215. — KÖNIG: Chemie der menschlichen Nahrungs- und Genußmittel, 4. Aufl., **1**, 110, 153.

[5] MEYSENBUG, L. v.: Amer. J. Dis. Childr. **24**, 100 (1922). — LENSTRUP: J. of biol. Chem. **70**, 193 (1926).

[6] DAVIDSOHN: Z. Kinderheilk. **9**, 11 (1913). — SZILI: Biochem. Z. **84**, 194 (1917).

[7] Vgl. z. B. BOSWORTH: Amer. J. Dis. Childr. **22**, 613 (1921).

[8] GYÖRGY: Biochem. Z. **142**, 1 (1923). — Vgl. auch WHA: Ebenda **144**, 278 (1924).

[9] Vgl. KLINKE: Erg. Physiol. **26**, 277 (1928).

[10] STRANSKY: Z. Kinderheilk. **40**, 671 (1926).

[11] STOCKREITER: Milchwirtsch. Forschgn **2**, 450 (1925) — nach Ronas Ber. **34**, 142 (1926).

Euterhälften bis 6 mg% betrugen. Die Zugabe größerer Kochsalzmengen steigerte den Chloridgehalt der Milch, während der Calciumwert durch Verabreichung von Calciumchlorid nicht beeinflußt wurde[1].

Auch für Kuhmilch liegen die Chloridwerte meist zwischen 0,10 und 0,15%; für Frauenmilch sind sie niedriger (ca. 0,04%); für Sulfat können 12 und 3 mg% $SO_4$ als entsprechende Mittelzahlen genommen werden. Der Natriumwert liegt bei allen untersuchten Milcharten unterhalb der Zahl für die Chloridäquivalente[2]. Kalium ist in größerer Menge vorhanden als Natrium, Mg in viel kleinerer. Abgerundete Mittelwerte sind für Frauenmilch etwa 15 mg% Na; 50 mg% K; 4 mg% Mg; für Kuhmilch 45 mg% Na; 150 mg% K; 12 mg% Mg.

Der Eisengehalt der Milch ist bei der Frau höher als bei der Kuh und Ziege: etwa 0,12 gegen 0,04 mg%. Durch Eisenfütterung wird keine Erhöhung erreicht, auch nicht durch intravenöse Eiseninjektion[3]. Neben Eisen kommt *Kupfer* vor; in Kuh- und Ziegenmilch wurden auch bei Beachtung aller Vorsichtsmaßregeln 0,015 mg% nachgewiesen[4]. Von *Zink* fand Rost[5] in Kuh- und Ziegenmilch 0,2—0,4; in Frauenmilch etwa 0,1 mg%. Jod ist in der Milch zu etwa 3 $\gamma$ in 100 ccm enthalten, bei Weidetieren etwas mehr als bei Stalltieren; im Colostrum ist der Gehalt merklich höher, um dann rasch abzusinken[6]. Bei weitem die Hauptmenge des Jods ist frei diffusibel[7]. Jodfütterung vermag den Gehalt der Milch erheblich zu steigern[8]. Kieselsäure fand Kettmann[9] zu 0,02% in der *Asche* der Kuhmilch, was rund 0,15 mg% in der frischen Milch entsprechen würde. Hugo Schulz[10] gibt Zahlen zwischen 0,04 und 0,64 mg% an (zugleich Belege für die Aufnahme von Kieselsäure in Glasgefäßen beim Kochen der Milch).

Auch Mangan und Aluminium wurden in der Milch nachgewiesen, mit spektrographischer Methode überdies Bor, Titan, Vanadium, Strontium, Rubidium und Lithium[11]. Bei der Empfindlichkeit der Methode ist natürlich noch in höherem Maße als bei den Analysen auf Eisen[12] und Kieselsäure[10] an die Möglichkeit einer Verunreinigung von außen her zu denken.

## Galle.

Anhangsweise seien noch einige Daten über die *Galle* gegeben, da sie bei dem intermediären Stoffwechsel auch der Mineralstoffe, insonderheit des Calciums, eine Rolle spielt. Die erhöhte Löslichkeit von Calciumsalzen, besonders Seifen, ist für die Resorption des Calciums im Darm sicherlich von Bedeutung[13]. Gleiches


[1] Denis u. Sisson: J. of biol. Chem. **46**, 483 (1921); **50**, 315 (1922).

[2] Heubner: Mineralstoffwechsel in Dietrich-Kaminers Handb. der Balneologie **2**, 214 bis 215. — Barthe u. Dufilko: C. r. Acad. Sci. Paris **185**, 613 (1927) — Lait **8**, 97 (1928).

[3] Elvehjem: J. of biol. Chem. **71**, 255 (1927). — Henriques u. Andrée Roche: Bull. Soc. Chim. biol. Paris **11**, 679 (1929).

[4] Elvehjem, Steenbock u. Bart: J. of biol. Chem. **483**, 27 (1929). — Vgl. auch Supplee u. Ballis: J. Dairy Sci. **5**, 455 (1922). — Quam u. Hess, Supplee u. Ballis: J. of biol. Chem. **57**, 725 (1923).

[5] Rost: Ber. dtsch. pharmaz. Ges. **29**, 549 (1919).

[6] Kieferle, Kettner, Zeiler u. Hannsch: Milchwirtsch. Forschgn **4**. 1 (1927).— Maurer u. Diez: Biochem. Z. **178**, 161 (1926).

[7] Magee u. Glennie: Biochemic. J. **22**, 11 (1928).

[8] Scharrer u. Schwaibold: Biochem. Z. **170**, 300 (1926); **180**, 307 (1927). — Rasche: Z. Kinderheilk. **42**, 124 (1926).

[9] Kettmann: Milchwirtsch. Forschgn **5**, 73 (1927).

[10] Schulz, Hugo: Münch. med. Wschr. **1912**, 353.

[11] Wright u. Papisch: Science (N. Y.) **1929 I**, 78 — nach Rona **50**, 38.

[12] Vgl. Edelstein u. v. Csonka: Biochem. Z. **38**, 14  1912).

[13] Vgl. dazu Klinke: Verh. dtsch. Ges. inn. Med. **39**, 359 (1927) — Erg. Physiol. **26**, 279 (1928). — Tappolet: Schweiz. med. Wschr. **1927**, Nr 49.

gilt für Magnesiumsalze[1]. Der Gehalt der Galle an Calcium beträgt beim Rind und Menschen[2] zwischen 5 und 30 mg%, beim Hund[3] um 15 mg%, beim Kaninchen 1—2 mg% Ca; an Magnesium[13] finden sich in der Fistelgalle beim Menschen 2—6, beim Hunde 1,5 mg% Mg. Die Blasengalle ist viel konzentrierter und enthält oft größere Mengen Magnesium und Calcium (um 50 mg% wenigstens bei manchen Tieren). Auch der Chloridgehalt ist in der Blasengalle höher[4]; in der Fistelgalle des Hundes bestimmten GRASSHEIM und PETOW[5] 0,17% Cl. Phosphat ist nur in geringen Mengen gegenwärtig. Die Eisenausscheidung mit der Galle bestimmten BRUGSCH und INGER am Hunde zu 5—12 mg Fe am Tag.

Bemerkenswert ist die Tatsache, daß konsequente Ableitung der Galle zu Osteoporose führt[6]; sie kann nach SEYDERHELM und TAMMANN[6] durch Fütterung mit bestrahltem Ergosterin verhütet werden.

## Allgemeines über den Mineralbestand der Gewebe.

Sucht man aus der Fülle der analytisch gewonnenen Daten über die mineralischen (oder als „mineralisch" angesehenen) Bestandteile der Gewebe eine Vorstellung über ihre Bedeutung für die Eigenart der Organe und für deren Funktionen zu gewinnen, so muß das Bekenntnis sehr niederschmetternd lauten: *Es läßt sich fast gar nichts schließen!*

Man hat den Eindruck, daß man sehr viele von den Elementen, die in unserer Umgebung vorhanden sind, in den Geweben wiederfinden kann, wenn man nur ordentlich nach ihnen sucht und die Methoden des Nachweises hinreichend verfeinert. Mindestens gilt dies wohl für die von den Pflanzen aufgenommenen Elemente, wobei einige giftige Metalle, wie Blei oder Quecksilber, im allgemeinen ausgeschlossen bleiben. (Daß Quecksilber in die Körper wachsender Pflanzen übergeht, wurde übrigens vom Verfasser[7], sowie von STOCK[8] gezeigt.) Es ist unbefriedigend, zu glauben, daß *alle* diese in wachsender Menge je nach den äußeren Umständen in den Körper gelangenden Elemente für seine Funktionen von Wichtigkeit sind, wie es etwa vom Eisen und vom Jod bekannt und anerkannt ist. Allzu wahrscheinlich ist es, daß wenigstens *einige* dieser Elemente mehr die Rolle zufälliger Begleitstoffe spielen, und daß ihr Fehlen keine Störung der Lebensvorgänge zur Folge haben würde.

Die *Schwankungen* der Menge solcher Elemente in den Organen kann man freilich nicht als ein Argument für ihre Zufälligkeit ansehen; denn sowohl beim Eisen wie beim Jod kennen wir die Abhängigkeit von der Zufuhr, Speicherung bei Überfluß und Funktionsstörungen bei anhaltendem Mangel. Überdies sind die nach dem heute vorliegenden Material doch wohl *sichergestellten* — nicht nur durch methodische Unvollkommenheiten vorgetäuschten — erheblichen Differenzen in der Menge lebenswichtiger Ionenbildner ein Anzeichen dafür, daß quantitative Variationen der Mineralstoffe innerhalb gewisser Grenzen für die normale Funktion gesunder Gewebe nicht viel bedeuten können. Sie stehen

---

[1] AUGSBURGER, L.: Schweiz. med. Wschr. **57**, 1069 (1927).

[2] LICHTWITZ u. BOCK: Dtsch. med. Wschr. **41**, 1215 (1915). — DITTRICH: Z. exper. Med. **41**, 355 (1924). — GILLERT: Ebenda **43**, 539 (1924).

[3] JANKAU: Arch. f. exper. Path. **29**, 237, 242 (1892). — DRURY: J. exp. Med. **40**, 797 (1924). — Ferner nicht veröffentlichte Analysen von F. BENDER im Heidelberger pharmakologischen Institut (1930).

[4] KRÖCK: Bruns' Beitr. **128**, 18 (1923).

[5] GRASSHEIM u. PETOW: Z. klin. Med. **104**, 803 (1926).

[6] PAWLOW: Verh. Ges. russ. Ärzte St. Petersburg **72**, 314 (1904). — SEIDEL: Münch. med. Wschr. **1910**, 2034. — SEYDERHELM u. TAMMANN: Z. exp. Med. **57**, 647 (1927).

[7] HEUBNER: Z. physik. Chem. A, Haber-Band, 198 (1928).

[8] STOCK: Z. angew. Chem. **41**, 546; 663 (1928).

in einem *sehr auffälligen Gegensatz* zu der relativ großen Konstanz der Mineral-stoffe im Blutplasma. Mag auch die Frage dabei vernachlässigt werden, welche *Form* die analytisch gefaßten Mineralstoffe im lebendigen Organ besitzen oder in welchen Gewebselementen sie haften, so muß doch zunächst diese Tatsache festgehalten werden. Ihre Beachtung kann mindestens den Nutzen haben, daß falsche Schlußfolgerungen aus oft sehr mühseligen, aber doch nicht ausreichenden Untersuchungen bei allerlei pathologischen Affektionen usw. vermieden werden.

Auf der anderen Seite rückt gerade die Berücksichtigung *quantitativer* Momente die ganze Frage in ein besonderes Licht. Wir kennen immerhin schon eine Reihe von Tatsachen, die wenigstens für hypothetische Gedanken eine hin-reichende Unterlage bieten. Wir wissen von Blei und Quecksilber, daß sie im Körper von Menschen in deutlich nachweisbarer Menge enthalten sein können, die sich völlig gesund fühlen, während andere Individuen, oft schon bei gleicher, jedenfalls aber bei größerer Aufnahme Krankheitserscheinungen bis zu den schwersten aufweisen können. Gleiches gilt für Mangan und Arsen, von denen kleine Mengen als regelmäßige Befunde in gesunden Organen anzusehen sind. Ist hier ein *Zuviel* verhängnisvoll, so kennen wir ja auch den Effekt des *Zuwenig*, etwa bei Jod, Eisen, bei den Knochensalzen u. dgl. In allen diesen Fällen handelt es sich um äußerst chronisch einsetzende Affektionen sowohl bei den typischen Metallvergiftungen wie bei der Anämie durch Eisen-, Kropf durch Jod-, Osteo-porose durch Kalkmangel (soweit es sich hier nicht um sehr schnell wachsende Tiere handelt).

Es sieht aber so aus, als seien im Organismus recht weitgehende Regulations-einrichtungen vorhanden, die innerhalb weiter Grenzen die Erhaltung konstanter Bedingungen im Inneren der Gewebe trotz wechselnder äußerer Mineralstoff-zufuhr begünstigen.

Das eigentliche *Rätsel* des Begriffs „Mineralstoffwechsel" liegt in dieser unverkennbaren *Regulation* der Aufnahme und Festhaltung der notwendigen und Abgabe der überflüssigen Mineralstoffe entsprechend dem Angebot. Dies gilt einmal für den Organismus als Ganzes, bei dem *allgemeine* nervöse und humorale Korrelationen dauernd im Spiele sein dürften — von denen *Vereinzeltes*, wie der Salzstich von Erich Meyer und Jungmann, die Hormone des Hypo-physenhinterlappens, der Epithelkörperchen u. dgl. uns bekannt ist —, außerdem aber und in viel entscheidenderem Sinne für jedes Organ, jede einzelne Zelle im Verband des Organismus, wie für frei schwimmende Kleintiere, Protozoen, Bakterien usw. Stets ist ihre mineralische Zusammensetzung — mehr oder weniger erheblich — *abweichend* von der ihrer Umgebung.

Aber diese unverkennbare und beherrschende Regulation, diese Auswirkung „lebendiger", zielstrebiger Kräfte ist offenbar nicht *vollkommen*; sie vermag die Organismen und Zellen nicht gänzlich freizumachen von der Beschaffenheit ihrer augenblicklichen Umgebung, ja man könnte — in anthropomorphistischer Ausdrucksweise — vermuten, sie erstrebt ein gewisses Ausmaß der Anpassung an wechselnde Umgebungsbedingungen und Erhaltung der Anpassungs*fähigkeit* gewissermaßen durch *Erprobung* auch der zunächst fremden Stoffe.

Die Verwendung des Eisens, Kupfers, Vanadiums, wahrscheinlich auch Blei[1] bei der Sauerstoffübertragung in verschiedenen Organismen allein in der Tierreihe könnte als Ergebnis solcher Anpassungsversuche gedeutet werden. Auch die Möglichkeit des partiellen Ersatzes von Chlorid durch Bromid, von Calcium durch Strontium ohne nachweisbare Funktionsstörungen, der Wechsel in der Zusammensetzung der Knochensalze bei ausreichend erhaltener Funktion, wie

---

[1] Rona, Parfentjev u. Lippmann: Biochem. Z. **223**, 205 (1930).

die Beteiligung von Fluorid, der Einbau von Arsenat für einen Teil des Phosphats bei reichlichem Arsenangebot u. dgl., alles das kann im gleichen Sinne verwertet werden.

Macht man sich diese Vorstellung zu eigen, so würde daraus zu folgern sein, daß im Organismus gewissermaßen neben den eingefahrenen, bewährten „Fabrikationsmethoden" für den *Hauptbetrieb* noch allerlei kleine *Nebenbetriebe* versuchsweise am Werk sind, und daß solche modifizierte Methoden unter Umständen größere Bedeutung erlangen. So ist es schwer von der Hand zu weisen, daß neben dem Eisen andere Metalle (z. B. Kupfer) als oder in Katalysatoren wirksam sind und die stärkere oder geringere Kombination der metallhaltigen Katalysatoren auf das Ausmaß und die Ausnutzung der Umsetzungen Einfluß haben können. In dieser Weise würde etwa auch der mehrfach bezeugte Nutzen vorsichtiger Quecksilberkuren für den Allgemeinzustand *nichtinfizierter* Personen zu verstehen sein. Der Gedanke an Arsenkuren liegt hier nicht fern.

In ähnlichem Sinne wäre die Frage nach der Bedeutung der *Salzdiät* zu erörtern und zu untersuchen. Wir kennen bisher nur vom Phosphat einigermaßen durchsichtige Beziehungen zu wichtigen Phasen des organischen Stoffumsatzes und des Energiegewinns und vom Jodid seine Beziehungen zu einem der wichtigsten Hormone. Die Bedeutung der Kationenbildner ist ihrem Wesen nach noch sehr rätselhaft, so eindringlich sie uns auch an den elektrischen und mechanischen Lebenserscheinungen entgegentritt. Aber das Dürftige, was wir wissen, macht es uns wahrscheinlich, daß irgendwie sich irgendwelche Änderungen in der mineralischen Zusammensetzung der Gewebe geltend machen müssen und daß solche Änderungen als Anpassung an das äußere Milieu eintreten und daher auch willkürlich gesetzt werden können. Trotz der bisher noch spärlichen und zum Teil mißlungenen Bemühungen von WIECHOWSKI und seiner Schule in dieser Richtung muß der zugrunde liegende Gedanke als richtig betrachtet werden. Trinkkuren, kochsalzarme und andere ungewöhnliche Diätformen sind Zeugnis mindestens für den Glauben an solche willkürlichen Änderungen und manche der dabei erzielten Erfolge auch wissenschaftliche Argumente für die Berechtigung dieses Glaubens.

Die Häufigkeit des Kropfes in jodarmen Gegenden und das großzügige im ganzen bisher erfolgreiche Experiment der Kropfprophylaxe durch jodidhaltiges Speisesalz sind vielleicht nur ein besonders auffallender Prototyp einer Einwirkung, die in prinzipiell ähnlicher, wenn auch weniger faßbarer Weise, wenn auch nicht durch Vermittlung einer stabilen organischen Verbindung von echtem Hormoncharakter, in vielgestaltiger Form an den Organismen angreift. Zwischen klar definierbarer Krankheit und dem Maximum des körperlichen Wohlbefindens liegt ja ein sehr breites Feld variabler Funktionen, wie wir sie in wechselnder Stimmung und Leistungsfähigkeit, doch auch in mannigfachen kleinen Beschwerden bei gar zu vielen Kulturmenschen kennen. Es ist wohl keine ganz unzulässige Vorstellung, daß solche Differenzen körperlicher Funktionen in der „physiologischen" Breite mit stofflichen Variationen — ebenfalls in „physiologischer" Breite — zusammenhängen, wie sie für die Mineralien *erwiesen* sind[1]. Diese Hypothese hat den unwillkommenen Beigeschmack, daß sie in unsinnig verzerrter Form dem Grundgedanken einer populär gewordenen Heilslehre, der „Biochemie", entspricht. Doch stellt sie nichts anderes dar, als einen Versuch, die heute bekannten tatsächlichen Befunde in einen logisch verständlichen Zusammenhang einzuordnen. Erkennt man prinzipiell das Zusammen- und Widerspiel von „Regulation" im Sinne der *Erhaltung* des bestehenden Zustandes und

---

[1] Vgl. dazu auch RUBNER: Konstitution und Ernährung. Sitzgsber. preuß. Akad. Wiss., Physik.-math. Kl. **1930**, XVIII. (Nachtrag bei der Korrektur.)

„Anpassung" in der Richtung einer partiellen Abänderung an, so wird notwendigerweise die Frage nach dem *Ausmaß*, dem *Grad* in den Vordergrund treten: *wieweit* kann oder muß die Menge eines bestimmten Mineralstoffes auf einmal gesteigert werden, damit Funktionsänderungen meßbarer Größe erkennbar sind? Oder auch: *in welchem Tempo* kann die Zufuhr eines bestimmten Stoffes gesteigert werden, damit ein Organismus ohne Schaden „sich anpassen" kann? Damit berühren sich die Probleme der wissenschaftlichen Erkenntnis aufs unmittelbarste mit den praktischen Tagesfragen der Gewerbehygiene und der ärztlichen Therapie; denn diese gliedern sich einfach als Abstufungen den grundsätzlichen *Dosen*problemen ein, in denen der für den Biologen allein interessante *Zusammenhang* zwischen Mineralbestand und -umsatz eines Organismus mit seinen Funktionen umfangen ist.

### Zusammenfassende Darstellungen.

ALBU, A., u. C. NEUBERG: Physiologie und Pathologie des Mineralstoffwechsels. Berlin: Julius Springer 1906. — ARON, H.: Die anorganischen Bestandteile des Tierkörpers: Oppenheimers Handb. der Biochemie, 1. Aufl. Jena: G. Fischer. **1**, 1 (1908). — v. WENDT, G.: Mineralstoffwechsel, ebenda **4**, 561 (1911). — MORAWITZ, P.: Pathologie des Wasser- und Mineralstoffwechsels, ebenda **4**, 238 (1911). — ARON, H., u. R. GRALKA: Oppenheimers Handb. der Biochemie, 2. Aufl., **1**, 1 (1924). — v. WENDT, G.: Mineralstoffwechsel, ebenda **8**, 183 (1925). — MORAWITZ, P., u. W. NONNENBRUCH: Ebenda **8**, 256 (1925). — ZONDEK, S. G., u. M. BANDMANN: Hormone und Vitamine in ihren Beziehungen zum Mineralstoffwechsel, ebenda, *Ergänzungsband*, 453 (1930). — HEUBNER, W.: Der Mineralstoffwechsel: Dietrich und Kaminers Handb. der Balneologie. Leipzig: G. Thieme. **2**, 181 (1922). — OPPENHEIMER, C. u. PINCUSSEN: Tabulae Biologicae Berlin, W. Junk (1925—1930); besonders **2**, 485 (Sekrete), 522 (Lymphe usw.), 533 (Knochenmark usw.), 536 (Milch); **3**, 362 (Bio-Elemente [ARON und GRALKA]), 389 (Ionen des Blutes), 402 (Chemie der Organe und niederer Tiere), 526 (Aschenbestandteile des Gehirns) usw. — WIECHOWSKI, W., H. STRAUB u. E. FREUDENBERG: Referate über Mineralstoffwechsel auf dem 36. Kongreß für Innere Medizin zu Kissingen 1924: Verh. dtsch. Ges. inn. Med. **36**, 6 (1924). — SHOHL, A. V.: Mineral metabolism. Physiologic. Rev. **3**, 509 (1923). — BOTTAZZI, F.: Wintersteins Handb. der vergl. Physiologie. Jena: G. Fischer. **1**, 1. Hälfte, 60; 508; 576 (1925). — QUAGLIARIELLO, G: Ebenda 633; 648; 652; 659. — SCHULZ, Fr. N.: Ebenda 688; 766. — SPIRO, K.: Einige Ergebnisse über Vorkommen und Wirkungen der weniger verbreiteten Elemente, Ergebnisse der Physiologie **24**, 474 (1925).